U0724488

南方常见的植物

植物百科编委会　编著

中国大百科全书出版社

图书在版编目（CIP）数据

植物百科. 南方常见的植物 / 植物百科编委会编著. --
北京 : 中国大百科全书出版社，2025. 1. -- ISBN 978
-7-5202-1803-0

Ⅰ. Q94-49

中国国家版本馆 CIP 数据核字第 2024WA5023 号

总 策 划：刘 杭　郭继艳

策划编辑：张会芳

责任编辑：宋 娴

责任校对：邵桄炜

责任印制：王亚青

出版发行：中国大百科全书出版社有限公司

地　　　址：北京市西城区阜成门北大街 17 号

邮政编码：100037

电　　话：010-88390811

网　　址：http://www.ecph.com.cn

印　　刷：唐山富达印务有限公司

开　　本：710mm×1000mm　1/16

印　　张：10

字　　数：100 千字

版　　次：2025 年 1 月第 1 版

印　　次：2025 年 1 月第 1 次印刷

书　　号：ISBN 978-7-5202-1803-0

定　　价：48.00 元

本书如有印装质量问题，可与出版社联系调换。

这是一套面向大众、根植于《中国大百科全书》第三版（以下简称百科三版）的百科通俗读物。

百科全书是概要记述人类一切门类知识或某一门类知识的完备的工具书。它的主要作用是供人们随时查检需要的知识和事实资料，还具有扩大读者知识视野和帮助人们系统求知的教育作用，常被誉为"没有围墙的大学"。简而言之，它是回答问题的书，是扩展知识的书。

中国大百科全书出版社从 1978 年起，陆续编纂出版了《中国大百科全书》第一版、第二版和第三版。这是我国科学文化建设的一项重要基础性、标志性、创新性工程，是在百年未有之大变局和中华民族伟大复兴全局的大背景下，提升我国文化软实力、提高中华文化国际影响力的一项重要举措，具有重大的现实意义和深远的历史意义。

百科三版的编纂工作经国务院立项，得到国家各有关部门、全国科学文化研究机构、学术团体、高等院校的大力支持，专家、学者 5 万余人参与编纂，代表了各学科最高的专业水平。专家、作者和编辑人员殚精竭虑，按照习近平总书记的要求，努力将百科三版建设成有中国特色、有国际影响力的权威知识宝库。截至 2023 年底，百科三版通过网站（www.zgbk.com）发布了 50 余万个网络版条目，并陆续出版了一批纸质版学科卷百科全书，将中国的百科全书事业推向了一个新的高度。

重文修武，耕读传家，是我们中国人悠久的文化传承。作为出版人，我们以传播科学文化知识为己任，希望通过出版更多优秀的出版物来落实总书记的要求——推动文化繁荣、建设中华民族现代文明，努力建设中国式现代化强国。

为了更好地向大众普及科学文化知识，我们从《中国大百科全书》第三版中选取一些条目，通过"人居环境""科学通识""地球知识""工艺美术""动物百科""植物百科""渔猎文明""交通百科"等主题结集成册，精心策划了这套大众版图书。其中每一个主题包含不同数量的分册，不仅保持条目的科学性、知识性、准确性、严谨性，而且具备趣味性、可读性，语言风格和内容深度上更适合非专业读者，希望读者在领略丰富多彩的各领域知识之时，也能了解到书中展示的科学的知识体系。

衷心希望广大读者喜爱这套丛书，并敬请对书中不足之处给予批评指正！

《中国大百科全书》编辑部

"植物百科"丛书序

　　全世界已知约 30 万种植物，它们的个体大小、寿命差异很大，从肉眼看不见的单细胞绿藻，到海洋中的巨藻和陆地上庞大的、寿过几千年的"世界爷"——北美红杉，都属于植物。植物与人类的关系极为密切，它们是地球上的初级生产者，是其他生物直接或间接的食物来源和氧气的制造者，在维持物质循环、生态系统相对平衡和生物多样性上具有极其重要的作用。

　　植物有多种分类方式。根据植物分类学，可将植物分为藻类植物、苔藓植物、石松类植物、蕨类植物、裸子植物和被子植物。日常生活中，常根据植物的生长环境或者用途等进行分类。如按照生活环境（生境）和生活方式，植物可分为陆生植物和水生植物；根据是否有人为干预，分为栽培植物和野生（野外）植物。其中，栽培植物最初是野生植物，经过人工培育后，具有一定生产价值或经济性状，遗传性稳定，能满足人类的需求。按照人工栽培环境，植物可分为大田植物、阳台植物、庭院植物、公园里的植物等。根据植物生长的地理分区，还可分为南方植物和北方植物。由于植物是自养型生物，一般无须运动，因而植物常是固定在某一环境中，并终生与环境相互影响。但植物在某个环境的常见为相对常见，并非绝对，如某一植物是庭院植物，也是阳台常见的植物，某些南方植物也可能出现在北方的温室中。

　　为便于读者全面地了解各类植物，编委会依托《中国大百科全书》

第三版生物学、渔业、植物保护学、林业、园艺学、草业科学等学科内容，精心策划了"植物百科"丛书，选择相对常见的植物类型及种类，编为《餐桌上常见的植物》《阳台上常见的植物》《庭院里常见的植物》《公园里常见的植物》《北方野外常见的植物》《南方常见的植物》《常见的水生植物》等分册，图文并茂地介绍了各类植物。

希望这套丛书能够让读者更多地了解和认识各类植物，引起读者对植物的关注和兴趣，起到传播科学知识的作用。

植物百科丛书编委会

目　录

第**1**章　木本植物　1

第 **2** 章　草本植物　97

第 3 章　蕨类植物　131

第 4 章　藻类植物　143

第 5 章　苔藓植物　147

木本植物

造林树种

榉　树

榉树是榆科榉属落叶大乔木。属国家二级保护植物。

榉属共 6 种。其中，中国有 4 种，包括榉树、台湾榉、大叶榉、大果榉，均为重要的用材树种。主要分布于淮河流域、秦岭以南的长江中下游各地，南至广东、广西，西至贵州及云南东南部。

◆ 形态特征

榉树高可达 25 ～ 30 米，树冠广阔。幼时树皮青紫色，后渐变为灰褐色，不开裂，老时树皮呈薄片状剥落。小枝密被柔毛。单叶互生，叶椭圆状卵形、椭圆形或窄卵形，叶缘具单锯齿。花单性，稀杂性，雌雄同株，雄花簇生于新枝下部，雌花单生或 2 ～ 3 簇生于新枝上部。花期为 4 月，果期为 10 ～ 11 月。坚果，上部歪斜，果皮有皱纹。

榉树

◆ **生长习性**

榉树是阳性中等喜光树种，喜温暖气候和深厚、肥沃、湿润的土壤，忌积水。对土壤 pH 适应性较强，在微酸性、中性、石灰质土及轻度盐碱土上均可较好地生长。抗寒、抗热性较强，-12 ～ 40℃ 时均能较好地生长。为深根性树种，侧根发达，树枝坚韧，在台风较多的沿海地区是重要的防风林树种。

榉树幼苗期生长稍慢，6 ～ 7 年后生长加快，可持续生长 70 ～ 80 年。10 ～ 15 年左右开始结实，大小年现象明显，种子中空粒比较多。一般在 10 月中下旬开始采种，通常需待种子自然落下时地面扫集，或于无风天将其敲落地面收集。宜随采随播。贮存的种子需将含水量降到 13% 以下。

◆ **培育技术**

榉树常用播种育苗繁殖。干藏种子播前浸种 2 ～ 3 天，除去上浮瘪粒，下沉种子晾干后条播，行距 20 厘米。播种量一般每亩 6 ～ 10 千克。播后覆土、盖草，保持苗床土壤湿润。出苗后要及时揭草、间苗、松土、除草，视墒情和苗情进行灌溉和追肥，并注意防治蚜虫和大袋蛾为害。也可以采用硬枝或嫩枝扦插方式进行繁殖。合轴分枝，苗期应及时做好修枝工作。苗根细长而韧，起苗时要先将四周苗根切断，然后再挖取，避免拉破根皮。造林地宜选择坡度 30°以下的低山丘陵区或土壤肥沃、保水较好的群山中下部。3 月上旬左右，选取无风阴天或小雨天造林。栽植时要根系舒展不弯曲，深度为土痕之上 3 ～ 6 厘米为好。幼林郁闭后要及时间伐，防止植株过密，影响生长。

◆ **主要用途**

榉树树形优美，耐烟尘能力强，秋叶呈黄、红、橙等多种颜色，是城乡园林绿化的较好树种。木材为环孔材，纹理直，光泽美丽，强韧硬重，是高档家具及装饰主要用材。明清红木家具未成熟之前，江南地区广泛用大叶榉制作传统家具，民间流传着"无榉不成俱"的说法。榉木坚实耐水湿，耐磨性强，是优良的船舶桥梁用材。茎皮富含纤维，可用于造纸。

无患子

无患子是无患子科无患子属的一种落叶乔木。别称木患子、洗手果。

无患子在中国天然分布北到河南新乡，南至海南，东到浙江、台湾，西至云南河口、富宁等地，多散生于路旁、沟旁、渠旁、宅旁等"四旁"及疏林地中。福建、贵州、湖南等省有规模化栽培。

◆ **形态特征**

无患子高可达 20 余米。单回羽状复叶，小叶近对生。顶生或侧生圆锥花序，花分为雌能花和雄能花。果实近圆形。

◆ **生长习性**

无患子为强喜光树种，耐寒能力较强。对土壤要求不严，深根性，抗风力强；不耐水湿，耐干旱；生长较快，寿命长。

◆ **培育技术**

无患子繁殖主要采用播种育苗技术，嫁接育苗技术也较为成熟。种子需用温水浸泡处理催芽，播种育苗采用常规技术，9 月底定苗，留苗量 15 万～18 万株 / 公顷。嫁接育苗时，穗条粗度大于砧木时采用春、夏、秋季的嵌芽接，小于时采用春季切接，接后需不间断地及时抹芽，以促进接穗生长。

果用无患子林培育应选择适生区土层深厚、坡度平缓、立地质量等级 I～II 级的阳坡、半阳坡的造林地，一般造林立地可差一些。一般在 2～3 月造林。果用林需开梯田精细整地，栽植密度约 600 株 / 公顷（株行距 4 米 ×4 米），适量施基肥。防护林及风景林可穴状整地，密度可稍大，成林后抚育管理较为粗放。

果用林抚育管理需精细。林地每年可施肥 3 次：5 月上旬施花期肥，8 月上旬施壮果肥，12 月下旬～次年 1 月上旬施养体肥。前 2 次采用沟施法进行施肥，第 3 次以土杂肥或腐熟农家肥为主，结合抚育和垦复施入。树长至 1 米左右时进行修剪定干，剪除顶芽，矮化树形。第一年选 3 个生长健壮、方位合理的侧枝培养为主骨干枝，保证 60°开张角度；第二年在每个主枝上选留 2～3 个健壮分枝为副骨干枝；第三年至第四年将主、副骨干枝上的健壮春梢培养为侧枝群，使树冠逐渐扩展成自然开心形。冬季从落叶后到翌年春季萌芽前进行短截、疏枝等；夏季进行摘心、抹芽、除萌。无患子为虫媒传粉，盛花期在园内放置 2～3 脾的有王蜂箱，一般按照 2～3 亩 / 箱进行配置即可。依树势和结实量进行花果调控，喷施蔗糖、营养液肥、环割、疏花疏果等。主要病虫害有煤污病、星天牛、铃斑翅夜蛾、桑褐刺蛾等，需及时防治。

除无患子外，无患子属还有川滇无患子、毛瓣无患子、绒毛无患子等，培育和利用基本同无患子。

◆ **主要用途**

无患子种仁含油率40%左右，油脂中油酸和亚油酸含量高达62%，是生产生物柴油的优良原料树种之一，也可精炼为高档润滑油。无患子是《本草纲目》中唯一记载的纯天然洗剂，其果皮中富含皂苷（含量10%～20%），是具洗涤功能的优良天然化工原料，可制作手工皂、洗发产品、洁肤护肤品等。内含的糖苷类物质（主要为三萜皂苷类、倍半萜皂苷类）作用于人体皮肤可发挥抗菌、杀菌、消炎、抗氧化、去屑止痒等功效。现代医学研究发现，其果实中的胰蛋白酶抑制剂具降压功效，齐墩果三萜烯低聚糖苷对胰脂肪酶活性有抑制作用，果皮抽提物对黑色素瘤、乳腺癌具抑制作用。同时，无患子皂苷也是较好的农药乳化剂。木材防腐、防虫，具有一定的开发价值。秋叶金黄，是中国南方重要的园林绿化和风景林树种。

葛　藤

葛藤是蝶形花科葛属多年生藤本植物。又称野葛（本草纲目）、粉葛藤、苦葛藤、葛条。

◆ **分布**

葛藤在中国除西藏和新疆外，其余各地区均有分布。常成片垂直分布于海拔300～1500米的地区。

◆ **形态特征**

葛藤为粗壮藤本。长可达8米。全株被黄色硬毛。根部肥大、圆柱状，富含淀粉。寄生缠绕茎，基部粗大、多分枝。羽状 3 小叶。蝶形花。条形扁平荚果。

◆ 生长习性

葛藤喜温暖湿润气候，适应性强，耐寒、抗旱、耐瘠薄，年降水量 500 毫米以上的地区均可生长。广泛分布于山涧，树林丛中。在寒冷地区越冬时，地上部会冻死，但地下部仍可越冬，次年地下部萌发再生。在年降水量为 800 ～ 1000 毫米、温度为 22 ～ 26℃ 的条件下生长较佳，其中以 27 ～ 28℃ 生长最快。

◆ 培育技术

葛藤可用播种、压条、扦插、分根等方法进行繁殖，生产上以扦插育苗为主。对土壤要求不高，在微酸性土壤、沙地及石质山地等立地上均能生长。在生产上，于春季萌发前选择背风向阳、灌溉和排水条件好的平坦疏松沙质壤土地段进行栽植，根据需要选择立架栽植法（密植）或平栽法（疏植）。一般仅在发芽前除草，可做适当水肥管理以促增产。

◆ 主要用途

葛藤叶可作饲料；茎皮纤维供织布和造纸用；种子可榨油；鲜根可制葛粉，供食用、糊料及酿酒，亦可解酒。葛根供药用，有解表退热、生津止渴、止泻的功能，并能改善高血压病人的项强、头晕、头痛、耳鸣等症状。因生长较快，根系发达，密生根瘤菌，固氮能力强，扎根深能吸收土壤深层水分，酷旱时仍可继续匍匐蔓延；枝叶茂密，枯枝落叶量大，故可作为土壤改良作物，对土壤改良作用强，能拦蓄地表径流，防治土壤侵蚀。特别适用于荒坡土地的开发利用，是水土保持、改良土壤的优良植物之一。

相思树

相思树是豆科含羞草亚科相思树属树种总称。是重要的用材、景观和生态修复树种。

相思树已被70多个国家引种栽培，全世界商品林面积约200万公顷。中国成功引种20余种，人工林面积约20万公顷。

◆ 分布

相思属树种分布东至夏威夷岛，西至留尼汪岛，南至塔斯马尼亚的南纬43°30′，北至中国台湾地区。可引种至北纬26°。相思树分布区气候类型多样，干旱半干旱稀树草原、热带雨林、海拔1800米的山地或沿海沙丘均有分布。中国广东、广西、海南和福建等地已发展了大面积的相思人工林，浙江、江西、湖南、重庆、四川、贵州、云南等省（直辖市）有小规模试种。中国栽培面积较大的相思树种有马占相思、大叶相思、台湾相思、厚荚相思、卷荚相思、黑木相思、灰木相思、纹荚相思、黑荆和银荆等。

◆ 形态特征

相思树为灌木或乔木。托叶刺状或不明显，罕为膜质。二回羽状复叶；小叶通常小而多对，或叶片退化；叶柄变为叶片状，称为叶状柄。花黄色，稀白色，头状或穗状花序。

◆ 培育技术

相思属树种栽培技术大致相同，下面以马占相思为例。

育苗技术

相思树采用播种育苗。选择 6 年生以上生长健壮、无病虫害的马占相思母树，在果实成熟期的 5 ～ 6 月，荚果变为黄褐色时采种。采回置于阳光下暴晒 2 ～ 3 天，开裂后用敲打脱种，去除果壳和杂质。种子晒干，在常温下干藏，一年后的发芽率可保持 70% ～ 90%。种子外层被蜡质，可用 95% 的浓硫酸浸泡几分钟，边浸泡边搅拌，然后洗净硫酸，用清水浸种 12 小时后播种。也可用沸水处理，即以 5 ～ 10 倍于种子体积的沸水浸泡种子，自然冷却后更换清水 2 ～ 3 次，再浸泡 12 ～ 24 小时后播种。

撒播法播种。播种时间因造林时间而定，若春季造林，一般 11 月前后播种。在平整苗床上均匀撒播，火烧土覆盖，至不见种子，再覆盖一层稻草或松针。气温 25 ～ 30℃ 时，播种后 3 ～ 5 天可发芽；若温度偏低，应搭棚盖膜保温。当子叶拱出土面约 1 厘米时，揭去稻草或松针。育苗的营养土配方可为林地表土：黄心土：火烧土为 7：2：1，再加入 0.5% 钙镁磷肥。为使苗木早形成根瘤，应采集含根瘤菌的林地表土。当幼苗高度达 3 ～ 5 厘米和展开 1 对羽叶时即可移苗。

植苗造林

马占相思对土壤要求不严，适应性较强，但湿润疏松、微酸的壤土或沙壤土最好。土壤 pH 在 4 ～ 6。适生气候为年均温 18℃ 以上、大于等于 10℃ 积温 6300℃·日以上、年降水量 1300 毫米以上、无霜或偶有轻霜。相思树生长快，速生丰产林一般 7 ～ 8 年主伐，蓄积量约 150 米³/公顷。若不及时主伐，随林龄增加，空心比例可能增加，木材利

用价值降低。培育大径材需选择心腐病发病率低的林分或地段，并间伐
1～2次。萌芽能力因年龄而异。1～2年幼龄时，萌芽能力强，随后
逐渐降低，至7年生时，需保留50厘米高左右的伐桩来促进萌芽，否
则萌芽更新难以保证。总体看，主伐后萌芽效果不佳，大径材林分主伐
后需重新造林。

◆ 主要用途

许多种相思木材是优异的家具、用具、乐器、工艺品用材或薪材，
许多种是良好的景观和生态恢复树种，不少种的树皮是良好的烤胶原料，
有些种的叶片是良好的饲料，有些种的种子可以食用。

红树林

红树林是生长在热带和亚热带沿海潮间带的一类木本植物。

红树林的名称源于红树科木榄属木榄，其木材、树干、枝条、花朵
都为红色，树皮割开后亦为红色。组成红树林的主要植物种类是红树科
植物，它们的树皮富含单宁酸，可提取红色染料。

◆ 分类

1997年，中国学者林鹏提出红树植物类型与鉴别标准，把专一性
生长于潮间带的木本植物称真红树植物，它们只能在潮间带环境繁殖和
生长，在陆地环境不能够繁殖，具有下列全部或大部分特征：胎萌、海
水传播、呼吸根与支柱根、泌盐组织和高渗透压；把能生长于潮间带，
有时成为优势种，但也能在陆地非盐渍土生长的两栖木本植物称为半红
树植物。中国真红树植物种类有11科14属27种，分别为卤蕨、尖叶

卤蕨、木果楝、海漆、杯萼海桑、无瓣海桑、海桑、卵叶海桑、拟海桑、海南海桑、木榄、海莲、尖瓣海莲、角果木、秋茄、红树、红海榄、拉氏红树、红榄李、榄李、拉关木、桐花树、白骨壤、小花老鼠簕、老鼠簕、瓶花木、水椰，真红树植物主要分布在福建、广东、广西、海南，浙江有人工引种，其中分布种类最多的省份是海南（全部种类都有分布），其次是广东。中国半红树植物有 10 科 12 属 12 种，分别为莲叶桐、水黄皮、黄槿、杨叶肖槿、银叶树、水芫花、玉蕊、海杧果、苦郎树、钝叶臭黄荆、海滨猫尾木、阔苞菊，其中分布种类最多的是海南，其次为广东和福建。

◆ 培育技术

由于围垦用于建设和开塘养殖等，中国的红树林退化较为严重。近年来，中国非常重视红树林生态修复工作，开展了红树林造林实践。其关键技术为：①树种选择。做到适地适树，优先选择抗逆性强的乡土树种。中亚热带类型区主要为秋茄等；南亚热带类型区主要为桐花树、秋茄、白骨壤、木榄、海杧果、黄槿等；热带—南亚热带过渡类型区主要为桐花树、白骨壤、秋茄、木榄、海桑、红海榄、榄李、海漆、银叶树等；热带类型区主要为桐花树、白骨壤、海南海桑、海桑、红海榄、木榄、榄李、红榄李、海莲、海漆、银叶树、海杧果、水黄皮等。②苗木培育。容器苗要求根系发达，生长健壮，无病虫害；显胎生植物胚轴苗胚轴成熟、健壮、无病虫害。③造林地选择。根据红树林树种在潮间带的序列分布，并充分考虑影响红树树种生长的地貌类型、土壤类型、海水盐度、海水流速等主要环境因素，选择其适宜的潮间带滩涂为造林地。

④造林地清理与整地。造林前清除杂草、杂物等，保证造林地势平缓，海水进入和退出顺畅。⑤造林密度。为加快红树林郁闭成林，造林初植密度宜适当加大。⑥造林方法。胚轴插植造林，插植深度为胚轴长度的1/3～2/3；容器苗造林，定植时去除容器，种植深度比原根茎深 2～3 厘米。对海水冲刷易倒伏的大苗适当深栽，并采取辅助加固措施；为提高红树林的抗逆性、生物多样性、防护功能和景观效果，宜因地制宜营造混交林。⑦封滩育林与管护。造林后至成林前，宜加强管护封滩育苗，宜因地制宜采取防风、消浪措施，风浪大的滩涂采用围栏、木桩墙等防浪、消浪措施；禁止围网捕鱼、挖取滩涂动植物等危害幼苗生长的人为活动；插杆护苗围网，清除危害幼苗生长的有害生物和漂浮杂物；造林成活率达不到标准时，应及时补植。

◆ 主要用途

红树林在防风消浪、固堤促淤、抵御自然灾害、绿化美化海岸环境、维持生物多样性、提高水产品质量、吸收富集有机农药和重金属、除去污水中的氮和磷等污染、净化海域环境、保护水产养殖、发展生态旅游以及维持海岸带生态平衡等方面有极为重要的作用，被称为"海岸卫士"。

用材树种

金佛山方竹

金佛山方竹是禾本科竹亚科寒竹属植物，是中国西南大娄山山脉高海拔地区重要的笋用竹。

◆ **名称来源**

金佛山方竹(*Chimonobambusa utilis*)由中国植物学家耿伯介(1917 ~ 1997)于1948年命名,种加词 *utilis* 意为"有用的",即指该竹子有利用价值。

◆ **分布**

金佛山方竹是寒竹属中分布面积较广的一个种,主要分布于中国贵州、重庆、四川和云南东北部,总面积约7万公顷。以野生为多,通常在常绿及落叶阔叶混交林下组成复层竹阔混交林。由于人为经营,形成了一定面积的纯林。

◆ **形态特征**

金佛山方竹地下茎复轴混生,茎秆高5 ~ 10米,中下部各节均具刺状气生根,直径2 ~ 3.5(5)厘米,节间略为四棱形,长20 ~ 30厘米。幼秆初被白色刺毛,后渐变为无毛。秆每节3分枝,近作水平方向平展。箨鞘薄革质或纸质,显著短于节间,背面黄褐色,间以灰白色斑点,无毛,或仅基部具细微的白色茸毛,边缘具淡黄色细小纤毛。无箨耳,箨片极小,三角锥状。

◆ **生长习性**

金佛山方竹喜阴湿凉爽、空气湿度大的环境。自然分布在海拔1000 ~ 2100米,但生长良好的竹林在海拔1200米以上。海拔1000米以下不宜作为生产性引种栽培。出笋始于9月上中旬,结束于10月中旬,历时30 ~ 40天,出笋顺序自高海拔向低海拔逐渐过渡。金佛山方竹曾于 1930～1940 年大面积开花，花后竹林死亡，但种子落地后自然更新良好。自 1980 年后又出现小面积零星开花。因此，其开花周期为 50～80 年。开花竹秆通常在秋末时形成花枝，来年 3 月上旬开花，4 月下旬种子成熟。由于种子无后熟期，采集的种子最好随采随播。

◆ 培育技术

金佛山方竹通常采用母竹移栽造林。该竹种开花结实率高，可采收种子培育实生苗，采用实生苗造林。母竹造林应选择生长健壮、无病虫害、年龄 1～2 生的幼竹为母竹。实生苗一般当年采收种子后立即播种，至来年 10 月份以后就可以出圃。春季和秋期均可造林，母竹造林密度一般为 1800 株 / 公顷，实生苗造林密度一般为 2500 株 / 公顷。

成林经营立竹度控制在 1.8 万～2.5 万株 / 公顷，1、2、3 年生竹各占 30% 左右。早期的竹笋出土 25 厘米左右时全部挖掉。盛期的竹笋出土 10 厘米左右时挖掘，并按每亩 1600～1750 株 / 公顷的标准留养母竹，留养母竹应遵循"去小留大、去弱留壮"的原则。后期发的竹笋也全部采收。老竹秆砍伐时间宜安排在冬季和早春。

◆ 主要用途

金佛山方竹以生产竹笋为主。采伐的老竹秆圆竹可以利用制作家具，也可用于造纸。

台湾相思

台湾相思是含羞草科金合欢属植物，是中国华南地区重要的荒山绿化树种。

◆ **名称来源**

台湾相思（*Acacia confusa*）由美国植物学家 E.D. 美林（Elmer Drew Merrill，1876 ～ 1956）于 1910 年命名。种加词 *confusa* 意为"混淆的"。

◆ **分布**

台湾相思原产于中国台湾，遍布全岛平原、丘陵低山地区。菲律宾也有分布。广东、海南、广西、福建、云南和江西等省（自治区）的热带和亚热带地区均有栽培。其水平分布在北纬 25° ～ 26° 以南生长正常；垂直分布则因纬度而异，在海南热带地区可栽至海拔 800 米以上，而纬度较高的地区一般只在海拔 200 ～ 300 米的低地栽植。

◆ **形态特征**

台湾相思为常绿乔木。树高可达 15 米以上，胸径达 60 厘米以上，中国台湾有胸径达 1 米的大树。树皮不裂不落，灰褐色。苗期第一片真叶为羽状复叶，稍长小叶退化，叶柄呈叶状，披针形，弯似镰刀，革质，长 6 ～ 10 厘米，宽约 1 厘米，具平行脉 3 ～ 7 条。头状花序，黄色，1 ～ 3 个腋生。荚果扁平，长 5 ～ 12 厘米。种子 7 ～ 8 粒，坚硬，褐色，有光泽。

◆ **生长习性**

台湾相思极喜光，可耐轻度庇荫。喜温暖而畏寒，适生于干湿季明显的热带和亚热带气候区。产区年平均温度 18 ～ 26℃，极端最高温度 39℃，极端最低温度 -8℃；年降水量 1300 ～ 3000 毫米。对土壤要求不严，耐干旱瘠瘠，在冲刷严重的酸性粗骨质土、沙质土和黏重的高岭土上均能生长。但在贫瘠土壤条件下生长慢而树干弯曲，在土壤深肥的地方生长快且树干通直。对土壤水分状况的适应性很广，不怕河岸间歇性的水淹或浸渍；因根深材韧，抗风力也强。根系发达，具根瘤，能固定大气游离氮以改良土壤，宜与松树、桉树、樟树等营造混交林。属于速生树种，3～4年生前生长较慢，5～6年生后生长逐渐加快，一般15年生高可达15米，胸径20厘米。萌生力强，经多次砍伐，仍能萌芽更新，而且生长迅速。

◆ 培育技术

台湾相思一般为播种繁殖。台湾相思3～5月开花，7～9月荚果成熟。荚果成熟时呈褐色，能自行开裂，宜及时采种，除杂晒干。种子含水量以9%～10%为宜，可混以石灰或草木灰，袋装或陶器贮藏，1年内发芽率与新鲜种子相差无几。千粒重26～31克，每千克约32000～38000粒。种皮坚硬，富油蜡质，极难吸水，宜将种子浸于沸水中，搅拌2～3分钟，再用冷水浸种24小时，然后播种，发芽率可达70%～80%。如为苗圃育苗，一年生苗高可达60～70厘米，宜在苗高30厘米时栽植。如为容器育苗，苗高20～25厘米时即可出栽，效果比裸根苗好。造林株行距一般宜1.5米×1.5米至2米×2米，侵蚀裸露地可1米×1.5米或1米×2米，营造薪炭林或在坡度较陡或冲刷严重的地方造林可1米×1米。台湾多采用直播造林，生长与植苗造林相同。此外，在花岗岩石质山地还可用飞机播种营造台湾相思纯林或与马尾松的混交林。害虫主要有茶黄蓟马、大蟋蟀、吹绵蚧、龙眼蚁舟蛾等。

◆ **主要用途**

台湾相思生长迅速，抗逆性强，适于作荒山绿化先锋树种或营造防护林，也是行道树和四旁绿化的优良树种。木材坚韧致密，有弹性，不易折，花纹美观，褐色，具光泽，干燥后少开裂，可供造船、车辆、枕木、家具、农具等用材。树皮含单宁23%～25%，为栲胶原料。树叶富含养分，是良好的绿肥。花含芳香油，可作调香原料。燃烧力强，也可用作薪炭材。

◆ **系统位置、多样性与保护**

按照美国植物学家 A. 克朗奎斯特（A.Cronquist，1919～1992）提出的克朗奎斯特系统分类，含羞草科属于蔷薇亚纲豆目；按 APG-IV（Angiosperm Phylogeny Group IV）分类系统（由被子植物系统发育研究组建立的被子植物分类系统第四版），台湾相思属于蔷薇亚纲豆目豆科新云实亚科的一个分支——含羞草分支。

湿地松

湿地松是松科松属一种。美国南方的用材树种。

◆ **名称来源**

湿地松（*Pinus elliottii*）属名 *Pinus* 来自原始印欧语 peyH-，意为"脂肪"；种加词 *elliottii* 来源于地名 Elliott。

◆ **分布**

湿地松原产于美国东南部暖带潮湿的低海拔地区。中国湖北武汉，江西吉安，浙江安吉、余杭，江苏南京、江浦，安徽泾县，福建闽侯，广东广州、台山，广西柳州、桂林，台湾等地有引种栽培。

中国广东于 1964 年在台山建
立湿地松种子园，并于 1973 年开
始生产大量种子。此后，福建闽侯、
江苏南京等地相继引种。21 世纪初
以来，澳大利亚、新西兰、马来西亚、
南非、津巴布韦和肯尼亚等国广泛
引种。

湿地松

◆ **形态特征**

湿地松为乔木。树皮灰褐色或
暗红褐色，纵裂成鳞状块片剥落，
小枝粗糙。针叶 2 ～ 3 针一束并存，
有气孔线。球果圆锥形或窄卵圆形，
有梗；种鳞张开，成熟后至第二年夏季脱落；鳞盾肥厚，有锐横脊，鳞
脐瘤状。种子卵圆形，微具 3 棱，黑色，有灰色斑点，种翅易脱落。

◆ **生长习性**

湿地松喜光，极不耐阴；耐水湿，也较耐旱，适生于低山丘陵地带；
生长势常比同地区的马尾松或黑松为好，很少受松毛虫为害。原产地气
候温暖湿润，夏季多雨，春秋季较干旱，平均年降水量 1270 ～ 1460 毫
米，年平均气温 15.4 ～ 21.8℃，绝对最高温 37℃，绝对最低温 -17℃。

◆ **主要用途**

湿地松为材用树种，可用于造纸、建筑等；松脂含量高，可供采脂；
还是重要的绿化树种。

◆ **系统位置**

《全球植物名录》（*The Plant List*）还记录有 1 个变种，即南佛罗里达湿地松。在郑万钧系统和克里斯滕许斯裸子植物分类系统 [荷兰植物学家 M. 克里斯滕许斯（Maarten Christenhusz）提出] 中均隶属于松科松亚科松属，但前者松亚科仅含松属 1 属；而后者除松属外，将黄杉属、落叶松属、银杉属、云杉属均归入松亚科。

慈 竹

慈竹是禾本科竹亚科簕竹属一种。中国西南地区重要的经济竹种。又称甜慈竹、钓鱼慈竹。

◆ **名称来源**

慈竹（*Bambusa emeiensis*）由中国植物学家贾良智和冯学琳于 1980 年命名。种加词 *emeiensis* 意思是"峨眉山"。

◆ **分布**

慈竹的分布以中国四川、重庆为中心，向南延伸至云南东北部及贵州、广西、湖南、湖北等地区，向北可分布到甘肃南部和陕西南部。一般栽培在村旁、房前屋后、河溪两岸以及丘陵山地。

◆ **形态特征**

慈竹地下茎合轴丛生，秆高 5 ～ 10 米，竹茎秆顶梢细长作钓丝状下垂。秆壁薄，基部节间长 15 ～ 30 厘米，中部最长可达 60 厘米，径粗 3 ～ 8 厘米，幼秆表面贴生小刺毛，后脱落变无毛。箨鞘革质，背部密生白色短柔毛和棕色刺毛，鞘口宽广而下凹，箨耳无，箨舌边缘呈流苏状，箨片两面均被白色小刺毛。

◆ **生长习性**

慈竹的适生环境要求年均气温为 14～20℃、少霜、无雪的地方，但慈竹有较强的耐寒性。一年生竹苗及幼竹能耐 -6～-5℃ 的低温，二年生以上竹苗及成年慈竹能耐 -9～-8℃ 的低温。年降水量要求在 950 毫米以上。通常 6 月出笋，持续至 9～10 月。慈竹在土层深厚、

慈竹

排水良好且有机质和矿物质丰富的沙壤土或轻黏土上生长良好。不宜在光照太强、保水力差和风速大的陡坡或山脊及排水不好的低洼地造林。

◆ **培育技术**

慈竹通常采用移母竹造林，选择生长健壮、无病虫害、分枝低、芽眼饱满、胸径 3～5 厘米的 1～2 年生分株作为造林母竹。造林季节以 2～4 月为宜。春旱严重的地区，可在雨季造林。采用竹蔸造林时，选 1～2 年生竹秆，距地面 20 厘米处伐去竹秆，挖取竹蔸，注意保护笋芽和秆基，随挖随栽。栽植时，竹蔸倾斜 45° 左右，芽眼朝两侧放置。

成林经营的关键技术是控制每丛的立竹结构，一般每丛保持 25～35 秆，1、2、3 年生竹秆比例各占 30% 左右。造纸用慈竹采伐年

龄可降低到 1.5 年，采用"1 年生为主，2 年生为辅"的短轮伐期经营技术；竹编用慈竹采伐年龄为 3 年。采伐后保留合理密度。采伐时间以冬季 11 月至次年 1 月砍伐为宜。林地管理要及时去除老竹蔸、松土施肥或压青。

◆ 主要用途

慈竹竹秆壁薄，纤维长宽比大，是造纸、编织竹器和竹编工艺品的上等原料。

◆ 系统位置、多样性与保护

慈竹分布范围广、栽培历史久，种内遗传多样性丰富。已发表的种以下变型有黄毛竹、大琴丝和金丝慈竹。此外，民间还有许多未正式发表的类群，如歪脚慈竹、龙头慈竹、佛肚慈竹、斗篷竹等变异类型。

干香柏

干香柏柏科柏木属一种乔木。

◆ 名称来源

干香柏（*Cupressus duclouxiana*）属名由瑞典植物学家 C.von 林奈于 1753 年发表，*Cupressus* 来源于古希腊语 kupárissos；种加词 *duclouxiana* 来源于法国植物采集学家 P.F. 杜克斯（P.F.Ducloux）。

◆ 分布

干香柏为中国特有树种，产于云南中部、西北部及四川西南部海拔 1400 ～ 3300 米地带；散生于干热或干燥山坡之林中，或成小面积纯林。

◆ **形态特征**

干香柏高可达 25 米，胸径达 80 厘米。树皮灰褐色，裂成长条片脱落，一年生枝四棱形，径约 1 毫米；二年生枝上部稍弯，向上斜展，近圆形，径约 2.5 毫米，褐紫色。鳞叶密生，蓝绿色，微被蜡质白粉，

干香柏鳞叶

无明显的腺点。雄球花近球形或椭圆形，长约 3 毫米，雄蕊 6 ～ 8 对，花药黄色，药隔三角状卵形。球果圆球形，径 1.6 ～ 3 厘米，生于长约 2 毫米的粗壮短枝的顶端；种鳞 4 ～ 5 对，熟时暗褐色或紫褐色，被白粉，顶部五角形或近方形。种子褐色或像褐色，长 3 ～ 4.5 毫米，两侧具窄翅。

◆ **生长习性**

干香柏的适宜生长条件为气候温和、夏秋多雨、冬春干旱的山区，在深厚、湿润的土壤上生长迅速。

◆ **培育技术**

干香柏主要为播种繁殖，发芽期 20 天左右，幼苗生长较快，圃地要选择排水良好、地下水位较低、土质比较肥沃的黄壤土。及时追肥，造林密度宜大。

◆ **主要用途**

干香柏木材为淡褐黄色或淡褐色，结构细密，纹理直密，材质坚硬，有香气，耐久用，易加工。可作建筑、桥梁、车厢、造纸、电杆、器具、

家具等用材。

◆ **系统位置、多样性与保护**

根据郑万钧系统，属松杉目柏科柏木亚科柏木属；而在克里斯滕许斯裸子植物分类系统［荷兰植物学家 M. 克里斯滕许斯（Maarten Christenhusz）提出］中，属柏目柏科柏木亚科柏木属，目和科的范围都发生了变化。

云南松

云南松是松科松属一种乔木。又称飞松、青松、长毛松。云南松林为中国云贵高原重要的天然和人工针叶林。

◆ **分布**

云南松水平分布于北纬 23°～30°、东经 96°～108°；纵跨 8 个纬度，南北水平距离达 900 千米以上；横跨 12 个经度，东西水平距离达 1000 千米以上。其中以中国云南、四川、贵州为主，广西、西藏也有分布。云南松垂直分布于海拔 250～3500 米，主要分布在 1600～2900 米，集中分布在 2000～2500 米。

◆ **形态特征**

云南松高达 30 米，胸径 1 米；树皮褐灰色，深纵裂，裂片厚或裂成不规则的鳞状块片脱落。针叶通常 3 针一束，稀 2 针一束，常在枝上宿存 3 年，长 10～30 厘米，径约 1.2 毫米，先端尖，背腹面均有气孔线，边缘有细锯齿。雌雄同株，球果圆锥状卵圆形，长 5～11 厘米，有短梗，长约 5 毫米。种子褐色，近卵圆形或倒卵形，微扁，长 4 ~ 5 毫米，连翅长 1.6 ~ 1.9 厘米。花期 4 ~ 5 月，球果第二年 10 月成熟。

◆ 生长习性

云南松为强阳性树种，对光照条件要求较高，尤其是幼苗幼树不耐荫蔽。对土壤水肥条件要求不严，主要分布于各种酸性土壤上，如红壤、褐红壤、粗骨性红壤和紫色土，pH 为 4.5 ~ 6.0；在其他树种不能生长的贫瘠石砾地或冲刷严重的荒山上，云南松也能生长，具有一定的耐干旱、耐瘠薄能力。

◆ 培育技术

云南松播种育苗、扦插繁殖均可。雨季造林，云南以 5 月上旬到 7 月下旬为宜。虽为速生树种，但造林初期（前 3 年）生长缓慢，具有蹲苗现象（蹲苗期或草丛苗期）。一般林分 10 ~ 20 年开始结实，大量结实的平均年龄为 20 ~ 30 年，数量成熟和工艺成熟年龄为 30 ~ 80 年，100 ~ 120 年进入自然成熟年龄。

◆ 主要用途

云南松心材和边材区别明显，心材黄褐色带红色或红褐色，生长轮明晰、不均匀；边材宽，黄褐色。木材多出现扭转纹，容易翘裂变形，除供一般建筑、家具外，还可用作坑木、枕木。树干可割取树脂，松脂中松香含量占 70% ~ 75%，松节油含量 20% ~ 23%；树根可培育茯苓；树皮可提栲胶；松针可提炼松针油；木材干馏可得多种化工产品。松脂、松节油、枝、叶、幼果、松花粉等均可药用。

思茅松

思茅松是松科松属卡西亚松的地理变种。

◆ 分布

思茅松在中国大面积集中分布于云南哀牢山和无量山海拔1100～1800米的南亚热带及热带山地,包括普洱、临沧、西双版纳、红河、德宏、龙陵、南涧、绿春、金平、元江等地。其中,以阿墨江、把边江、澜沧江中下游海拔700～1800米的宽谷盆地周围和红河两岸山地最多。印度东部、缅甸、老挝、泰国等地区也有分布。

◆ 形态特征

思茅松为常绿乔木。树高达30米,胸径0.6米。树冠广圆形;树皮褐色,裂成龟甲状薄块片脱落。枝条一年生长两轮或多轮,针叶3针一束,细长柔软。雄球花矩圆筒形,在新枝基部聚生成短丛状。球果卵圆形,基部稍偏斜,常单生或2个聚生。种子椭圆形,黑褐色,稍扁,长5～6毫米,连翅长1.7～2厘米。

◆ 生长习性

思茅松为喜光树种,深根性,喜高温湿润环境,不耐寒冷,不耐干旱瘠薄土壤。适生地区为云南南部南亚热带与热带地区,年平均温度17～22℃,年降水量1500毫米以上,相对湿度80%以上,多生于宽谷、盆地周围低山、丘陵及河流两岸山地。

◆ 培育技术

思茅松的适宜立地条件为土层深厚的山地红壤、砖红壤化红壤、幼年红壤。播种育苗、扦插繁殖和嫁接繁殖均可，造林季节最好选在雨季，最佳的时间是在雨季头 1～2 次透雨后，间歇晴天实施，忌雨天造林。5 年左右开始结实，15 年进入结实旺盛期。当生长 40 年左右，林分平均胸径达 25～30 厘米进入主伐利用阶段。

◆ **主要用途**

思茅松树干通直、很少扭曲，木材纹理直、变形小，除供一般建筑、家具用外，还可用作坑木、枕木。同时，树皮含单宁 5.8%，纯度 65.3%，单宁的主要成分为凝缩类，可供鞣革用。树干富含松脂，单株最高年产量达 33 千克，一般 3～4 千克，最低 1 千克。松节油含量最高达 32%、平均 20%、最低 8%，是云南的主要材、脂两用树种。

海红豆

海红豆是被子植物真双子叶植物豆目豆科海红豆属的一种落叶乔木。

海红豆在中国分布于广东、广西、贵州、云南等地区。缅甸、柬埔寨、老挝、越南、马来西亚、印度尼西亚也有分布。多生于山沟、溪边、林中或栽培于园庭。

海红豆无刺。二回羽状复叶，羽片 4～12 对，叶柄和叶轴有毛；小叶 8～18，长椭圆形，长 1.5～5 厘米。总状花序单生于叶腋或在枝顶排成圆锥花序，被短柔毛；花小，两性，辐射对称；萼钟状，5 齿裂；

海红豆羽状复叶

花瓣 5，基部稍合生，黄色，披针形，长 3.5 毫米，有香气；雄蕊 10 个，与花瓣近等长，花药顶端有 1 腺体；心皮 1，子房上位，1 室，胚珠多数。荚果条形，弯曲，革质，长 15 ～ 22 厘米，开裂后果瓣扭曲。种子鲜红色，阔卵形，长 5.5 ～ 8 毫米。花期 4 ～ 7 月，果期 7 ～ 10 月。

海红豆木材质坚而耐腐，心材暗褐色，可作为支柱、船舶和建筑用材；种子鲜红色而光亮，甚为美丽，可作装饰品。

铁刀木

铁刀木是豆科决明属一种常绿乔木。因材质坚硬刀斧难入而得名。又称黑心树、挨刀树、泰国山扁豆、孟买黑檀、孟买蔷薇木。

◆ 分布

铁刀木原产于印度、缅甸、泰国、越南、老挝、柬埔寨、斯里兰卡等地海拔 1300 米以下的丘陵、河谷、平坝。在中国，主要分布在云南、广东、海南、广西、福建等地，其中以云南西双版纳景洪的薪炭林栽培历史较长。

◆ 形态特征

铁刀木树高 10 ～ 15 米。树皮深灰色，近光滑，小枝粗壮，稍具棱，疏被短柔毛。偶数羽状复叶，小叶 6 ～ 10（～ 15）对，薄革质，长椭圆形，长 3 ～ 7 厘米，宽 1.5 ～ 2.5 厘米，顶端圆钝，微凹陷而有短尖头，基部近圆形，上面光滑无毛，下面粉白色，边全缘，托叶早落。花为伞房状总状花序，腋生或顶生，花序轴被灰黄色短柔毛；萼片 5 深裂，花径约 2.5 厘米，花瓣 5，黄色，雄蕊 10 枚，7 枚发育，3 枚不发育，子房无柄。

荚果条状，扁平，两端渐尖，长 15 ～ 30 厘米，宽 1 ～ 1.5 厘米。有种子 10 ～ 30 粒，卵圆形。花期 10 ～ 11 月，果期 12 月至翌年 1 月。

◆ **生长习性**

铁刀木为热带树种，耐热、喜光、不耐荫蔽，又喜温，凡有霜冻、寒害的地方均不能生长，耐旱、耐湿、耐瘠薄、耐盐碱、抗污染、易移植。适宜温度 23 ～ 30℃，在年平均气温 21 ～ 24℃、极端最低气温 2℃ 以上的热带地区生长最为适宜；在年平均气温 19.5℃ 的南亚热带和极端最低温在 0℃ 以上的地区尚能生长。对土壤的要求不严。

◆ **培育技术**

铁刀木适合播种育苗。3 ～ 4 月为适宜采种期，种子颜色深褐色，有光泽，千粒重 25 ～ 30 克。新鲜种子发芽率可达 95% 以上，贮藏 3 个月以内的种子发芽率还在 90% 以上。但随贮藏时间延长，发芽率逐渐降低，贮藏 1 年后其发芽率约为 25%。可用直播或植苗造林，植苗造林以一二年生的苗木较为适宜。在中国热带及南亚热带的砖红壤、红壤分布范围内，排水良好的山地、平原均可造林。在土层肥沃的村寨附近，生长更加迅速。常用作荒山、四旁绿化的优良先锋树种。抗病虫害能力较强，但在种子发芽时常受蚂蚁为害，幼苗易被蟋蟀咬伤。幼林及成林有时受铁刀木粉蝶、褐袋蛾等为害。

◆ **主要用途**

铁刀木属散孔材，纹理直，结构略粗，材质中等至坚重。边材黄白色至白色，心材暗褐色至紫褐色，露在大气中呈黑色，又称黑檀。心材坚实耐腐、耐湿、耐用，为建筑和制作工具、家具、乐器等良材。又由于易燃、火力强、生长迅速，且萌芽力强，也是良好的薪炭林树种。铁刀木终年常绿、叶茂花美、开花期长、病虫害少，还可用作行道树及防护林树种。树皮、荚果含单宁，可提取栲胶。枝上可放养紫胶虫，生产紫胶。

栲　树

栲树是壳斗科栲树属植物的通称。栲树是亚热带常绿阔叶林的建群树种，是重要的用材、食用、栲胶、生态树种。

◆ 分布

栲树主要分布于亚洲，北美洲西部有少量分布。中国有 60 多种，是中国南方常绿阔叶林的重要组成树种；分布于长江以南地区，西南至云南东南部，西至四川西部，北至安徽南部。

◆ 形态特征

栲树是常绿乔木，高达 20 米；树皮浅裂；小枝被早落的红棕色鳞秕。叶呈狭椭圆形至椭圆状披针形，长 6.5 ～ 8.0 厘米，宽 1.8 ～ 2.5 厘米，顶端渐尖，基部楔形至近圆形，全缘或近顶端有 1 ～ 3 对锯齿；下面密生红棕色鳞秕，侧脉 10 ～ 13 对，叶柄长 1.0 ～ 1.5 厘米。雄花序圆锥状，雌花单生于壳斗内。壳斗近球形，连刺直径 1.5 ～ 2.5 厘米，刺不分叉或为 2 ～ 3 回鹿角状分叉，长 0.6 ～ 1.0 厘米，稍反曲，排成间断的 4 ～ 6 环，不完全遮盖壳斗。坚果卵球形，直径 1 厘米。果期为次年 10 月。

◆ 生长习性

栲树喜生于温暖湿润的地区，适宜在肥沃湿润、排水良好的酸性红壤或黄壤土上生长，适应性强，也能在土层较薄的山地生长。中等喜光，幼年耐阴，成年喜光。深根性，萌芽性强，林冠下更新良好。适宜生长的海拔为 300 ～ 800 米坡地或山脊杂木林中，有时成小片纯林。

◆ 培育技术

育种方法

选 20 ～ 30 年树龄干性好、生长健壮、无病虫害的植株为采种母树。栲树种子一般 10 月下旬成熟脱出，应立即捡拾，然后用清水除空瘪粒和杂质后，用浓度为 50% 甲胺磷 200 ：1 浓液浸 2 小时取出，在通风处晾干 48 小时后采用室内湿沙低温层积方法贮藏，以防止鼠害和霉烂变质。播前种子应经过湿沙层积催芽。春季播种前 60 天，将种子用清水清洗 3 次，再浸入 0.3% 高锰酸钾中浸泡消毒 30 分钟后，把种子捞出淘净。用温水 45℃ 加生根粉 1 克，兑水 25 千克，浸种 2 小时。

圃地管理

选土层深厚，疏松、肥沃、水源方便且便于排灌的沙质土壤作圃地，做到深耕细整，结合整地进行施肥，一般施复合肥 75 克 / 米^2 作为基肥。苗床做好后，床面喷洒敌克松 1000 倍液进行土壤消毒。待 80% 种子经催芽露白后早春沟状条播，播种沟宽 20 ～ 25 厘米，行距 20 厘米，开沟深 3 ～ 4 厘米，播种量为 75 克 / 米^2，覆盖筛过的黄心土 1.5 ～ 2.0 厘米后盖草，以保温保湿及抑制杂草。光照较强的圃地应在幼苗出土时搭建遮阳棚。4 ～ 5 月种子发芽出土，5 ～ 6 月间苗 2 次。在夏季高温天每日清晨和傍晚各浇水 1 次。幼苗出土后及时清除杂草。苗木主根发达而须根少造林后不易成活，故需在幼苗展叶至 2 ～ 3 片时对主根进行截根处理，以促进侧根生长，提高造林成活率。

栽植与抚育

栲树植苗栽植时，需选择土壤深厚、腐殖质丰富、无季节性积水的立地（如采伐迹地、退耕还林地、撂荒地、荒山荒地等），选用地径 0.4 厘米以上、苗高 40 厘米以上壮苗进行造林。栽植季节一般在 1 月底至 3 月上旬，选择雨停后土壤湿润时或下雨前的天气组织造林。为了栲树良好生长，株行距一般为 2 米 ×3 米，其他方面遵循一般造林方法即可。选择胸径为 2 ～ 4 厘米的苗木，于春季或秋季树液停止流动时起苗，保持根幅直径 50 ～ 60 厘米。栽植前，用 50 ～ 200 毫克 / 千克生根粉浸泡苗木根系 24 小时以上，适当进行修枝、修根及截干处理，注意截干后在截口处涂抹油漆，防止水分蒸发。苗木采用穴植法栽植，栽植穴直径和深度应大于苗木根系。栽植后第二年夏季，可对苗木进行整形修剪，采用短截或中短截进行，适当控制强枝生长，促进弱枝生长，从而保证形成正常冠形。

紫　檀

紫檀是豆科紫檀属树种的总称。

世界上有紫檀属树种 20 多种，主要分布于亚洲热带和非洲地区。已引入中国的有 7 种，包括檀香紫檀、大果紫檀、印度紫檀、马拉巴紫檀、刺紫檀、加纳紫檀和小叶紫檀。其中，檀香紫檀材质最好，在中国有少量栽培；其次是大果紫檀，在红木家具中最普遍；印度紫檀在华南是很好的遮阴树。

◆ 檀香紫檀

檀香紫檀木材名为小叶紫檀。蝶形花科乔木，树干通直，高达25米，胸径可大于50厘米。典型的热带植物，喜光照，耐干热气候，不耐阴。原产印度，中国海南、云南、台湾、广东及福建沿海有少量引种栽培。低温是其发展最主要的限制因子。心材紫红黑色或紫红色，具斑纹、硬重。气干密度1.109克/厘米³。抗白蚁和其他虫害，通常无须防腐处理。心材是其最有价值的部分。木材被誉为紫檀之精品，是世界贵重木料之一，在中国国标红木5属8类33种中，檀香紫檀是紫檀木类唯一的代表。优质的檀香紫檀以往为明清宫廷用材，是地位的象征。用于高级家具、乐器、雕刻、工艺品等。

◆ 大果紫檀

大果紫檀木材名为缅甸花梨。大乔木，树高可达40米，胸径达1米。树皮浅褐色，老时深褐色，粗糙，纵裂呈小片状。喜光，喜温暖、湿润的热带气候，不耐阴，不耐寒，在年均温23～25℃、年降水量1400～2000毫米地区生长表现良好。干形圆满通直，分叉少，优势木枝下高可达8～10米，是一个理想的珍贵用材树种。天然分布于泰国北部及缅甸，老挝、柬埔寨、越南有少量分布。主要分布在北纬11°～22.5°，海拔100～800米的季节性热带雨林和季雨林中。多散生，多数成为林分上层的优势树种。中国热带地区适生，可推广至北回归线以南无霜冻地区。木材品质、硬度和稳定性较好，属正宗红木，在国际木材市场上颇具知名度。属于紫檀属花梨木类，边材近白色，心材橘红、砖红或红褐色，花纹明显，材质致密硬重，不裂不翘，且散发芳香经久不衰，结构细，纹理交错，气干密度 0.80 ～ 0.86 克 / 厘米^3。是制作高级红木家具、工艺品、乐器和雕刻、美工装饰的上等材料。

◆ **印度紫檀**

印度紫檀为落叶或半落叶乔木，树高 30 米以上，胸径可达 1.5 米。幼树树皮光滑、浅灰、长大后变粗糙、浅褐色至黑褐色，树干通直而下滑，多分枝，萌芽力强。原产印度、缅甸、菲律宾、巴布亚新几内亚、马来西亚、印度尼西亚的海拔 800 米以下低山和平地。20 世纪初引入中国，树性强健，成长快速，绿荫遮天，为园景树、行道树之合适树种。中国的广东、广西、海南及云南有引种栽培。印度紫檀木材心材和边材过渡明显，边材近白色或浅黄色，心材红褐、深红褐或金黄色，常带深浅相间的深色条纹，结构细，纹理斜至略交错，易加工，新切面具光泽和香气，表面磨光后十分光亮。通常用作高级家具用材，也有用于室内装饰或雕刻工艺品、高级乐器部件等。

紫檀属树种以培育实生苗植苗造林为主，辅以嫁接、扦插和组培育苗。造林密度通常采用 3 米 ×4 米或 3 米 ×3 米，培育长周期的大径材可采用 4 米 ×5 米，交通方便的林地可采用 2 米 ×3 米，6 ～ 8 年后移植走一半树木，或间伐弱小树木。苗木质量、整地、施肥、抚育、病虫害防治是促进幼林生长提高产量的有效措施。

降香黄檀

降香黄檀为豆科蝶形花亚科黄檀属的一种高大乔木。

◆ 分布

降香黄檀为中国海南特有种，中心分布区在海南的西部及西南部的低山丘陵。广东、广西、福建、浙江、云南和贵州等地均有引种栽培。温度为降香黄檀引种的主要限制因子，能抵御 0 ～ 2℃ 的极端低温。降香黄檀具根瘤，是良好的固氮树种。

◆ 形态特征

降香黄檀高可达 20 米，胸径达 1 米。树皮褐色，粗糙，有纵裂纹。奇数羽状复叶，小叶 9 ～ 13 片，卵形或椭圆形。圆锥花序腋生，分枝呈伞花序状；花冠白色，雄蕊 9 枚；子房长椭圆形，胚珠 1 ～ 2 颗。荚果舌状长椭圆形，果瓣革质，厚可达 5 毫米。种子 1 ～ 2 颗。孤立木 2 ～ 4 年开花结果，成片林木 3 ～ 6 年生开花结果。为阳性树种，在过分荫蔽的密林中，幼苗细弱难以生长成林；在郁闭度较小的林分中能长成直干大树。降香黄檀在干旱时叶全落，展叶期为 3 ～ 4 月，5 ～ 10 月生长迅速并抽出多条新梢。开花期为 4 ～ 6 月，11 月至翌年 1 月为果实成熟期。

◆ 培育技术

降香黄檀天然林极少，采种主要在人工林中进行。降香黄檀繁殖主要以播种育苗为主，辅以嫁接、扦插和组培育苗，重点推广大苗造林技术。造林密度通常采用 3 米 ×4 米或 3 米 ×3 米。交通方便的林地可采用 2 米 ×3 米，6 ～ 8 年后移植走一半树木。降香黄檀在发叶前移植成活率很高。追肥是促进幼林生长提高产量的有效措施，追肥宜结合抚育松土同时进行。幼树新梢细、容易弯曲，若不及时扶直，将造成树干弯曲，分枝多且低，侧枝粗壮，导致主干不明显、弯曲甚至倒伏。在造林当年用尼龙绳将树干捆绑在竹竿或木棍上支撑和扶直，形成良好主干。于秋冬季节将树冠1/3以下的侧枝全部剪除，将树冠上生长过大过粗的枝条修掉，使树干直立。修剪过后不定芽萌生能力强，很快会萌发新芽，应及时抹芽。种植后5～8年开始形成心材，心材的形成同干旱和生理刺激有密切的关系，可通过人为措施促进心材的产量和质量。

◆ **主要用途**

降香黄檀木材材质紧密而坚硬，木孔稍粗而长，轴向薄壁组织呈管带状或轮界状，径面斑纹略明显，弦面具波痕；心材呈红褐色到深红褐色，久则变为暗色，有光泽，花纹美丽，夹带有黑褐色条线（俗称"鬼脸"，是由生长过程中的结疤所致）；纹理斜或交错，清晰美观，有麦穗纹、蟹爪纹；材质硬重，气干密度为0.94克/厘米^{3}左右，强度大，干燥后不开裂、不变形，结构细而匀，极耐腐耐湿；有淡淡的特殊香味且香气长久。降香黄檀木是制造名贵红木家具、工艺品、乐器、雕刻、镶嵌和名贵装饰的特等用材。因木材具有浓郁的香气，故也称香枝木。药用部分主要指其树干和根部的心材部分。其木材经蒸馏后所得的降香油中含醇类、烷烃类、烯烃类、醛酮类和脂肪酸五大类化合物，这些主要成分在食品工业和医药行业具有重要的作用。降香油具有行气止痛、活血止血等功效，用于心胸闷痛、脘胁刺痛等病症，外治跌打出血，是临床常用制剂如冠心丹参片、乳结消散片、复方降香胶囊等中成药的主要原料。木材制成的家具长期溢发出幽香，长期坐卧对降血压具有明显疗效；以心材入药，主治风湿、腰痛、吐血、心胃气痛、高血压等病症。

黄　檀

黄檀是被子植物真双子叶植物豆目豆科黄檀属的一种乔木。

黄檀分布于中国江苏、浙江、安徽、江西、福建、湖南、湖北、广东、广西、四川、贵州等地区。生长在山地林中或灌丛中，常见于山沟溪旁及有小树林的坡地，海拔 600 ～ 1400 米。

黄檀高约 15 米，树皮灰色、呈片状剥落。奇数羽状复叶，互生，小叶 9 ～ 11，矩圆形或宽椭圆形，全缘；托叶早落。圆锥花序顶生或生于上部叶腋，花梗有锈色疏毛；花两性，两侧对称；萼钟状，萼齿 5，最下一片较长；花冠蝶形，淡紫色或白色，花瓣具长爪，旗瓣圆形，翼瓣倒卵形，龙骨瓣半月形；雄蕊 10，二体雄蕊；心皮 1，子房上位，

黄檀荚果

1 室，胚珠多数。荚果矩圆形，扁平，长 3 ～ 7 厘米。种子 1 ～ 3，肾形，扁平。花期 5 ～ 7 月，果期 8 ～ 9 月。

黄檀木材黄色或白色，材质坚密，能耐强力冲撞，常用作车轴、榨油机轴心、枪托、各种工具柄等；根可药用，用于治疗疮。

乌　檀

乌檀是被子植物真双子叶植物龙胆目茜草科乌檀属的一种乔木。名出《海南植物志》。

乌檀分布于中国广东、广西和海南中等海拔地区的森林中。越南、柬埔寨、老挝、泰国、马来西亚以及印度尼西亚也有分布。

乌檀高 4 ～ 12 米。小枝纤细无毛，光滑；顶芽倒卵形。叶纸质，

乌檀

椭圆形，稀倒卵形，长 7 ～ 9 厘米，宽 3.5 ～ 5 厘米，顶端渐尖，略钝头，基部楔形，干时上面深褐色，下面浅褐色；侧脉 5 ～ 7 对，纤细，近叶缘处连结，两面微隆凸；叶柄长 10 ～ 15 毫米；托叶早落，倒卵形，长 6 ～ 10 毫米，顶端圆。头状花序单个顶生；总花梗长 1 ～ 3 厘米，中部以下的苞片早落。果序中的多数小坚果合成球形体，成熟时黄褐色，直径 9 ～ 15 毫米，表面粗糙；种子长 1 毫米，椭圆形，一面平坦，一面拱凸，种皮黑色有光泽，有小窝孔。花期夏季。

乌檀木材橙黄色，有苦味，是优质家具和建筑用材。枝条、树皮入药，茎含黄酮苷、酚类，入药能清热解毒，消肿止痛，治急性扁桃体炎、咽喉炎及乳腺炎等。

特用经济树种

榴 梿

榴梿是被子植物真双子叶植物锦葵目锦葵科榴梿属的一种常绿乔木。名出《经济植物手册》。

◆ 分布

榴梿原产于文莱、印度尼西亚和马来西亚。遍布东南亚，主要在泰国、马来西亚、印度尼西亚等地，柬埔寨、老挝、越南、缅甸、印度、斯里兰卡、巴布亚新几内亚、夏威夷、波利尼西亚群岛、西印度群岛、马达加斯加、澳大利亚北部、新加坡及美国大陆佛罗里达等有栽培。中国海南、广东也有栽培。

◆ 形态特征

榴梿高可达 25 米，幼枝顶部有鳞片。托叶大，长 1.5～2 厘米。单叶，互生，叶片长圆形，有时倒卵状长圆形，先端短渐尖或急渐尖，基部圆形或钝，长 10～15 厘米，宽 3～5 厘米，两面发亮，上面光滑，背面有贴生鳞片，侧脉 10～12 对，叶柄长 1.5～2.8 厘米。花两性，排成聚伞花序，细长，下垂，簇生于茎或大枝上，每个花序有花 3～30 朵。花蕾球形。花梗被鳞片，长 2～4 厘米。苞片托住花萼，比花萼短，萼筒状，高 2.5～3 厘米，基部肿胀，内面密被柔毛，具 5～6 个短宽的萼齿。花瓣黄白色，长 3.5～5 厘米，为萼长的 2 倍，长圆状匙形，后期外翻。雄蕊 5 束，每束有花丝 4～18，花丝基部合生 1/4～1/2。蒴果椭圆状，淡黄色或黄绿色，长 15～30 厘米，粗 13～15 厘米，每室种子 2～6。假种皮白色或黄白色，有强烈气味。花果期 6～12 月。

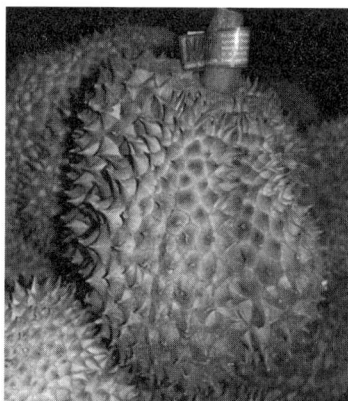

榴梿蒴果

◆ **主要用途**

榴梿为著名热带水果，气味独特，口感细腻香甜，营养丰富，被称为"果中之王"。但许多人并不喜欢其刺鼻的气味，常被禁止带入公共场所。

番荔枝

番荔枝是番荔枝科番荔枝属多年生热带果树。又称佛头果、释迦果。

◆ **分布**

番荔枝起源于中南美洲，在世界热带地区广泛栽培。番荔枝引入中国已有 400 余年历史，在海南、福建、台湾、广东、广西、云南等地有栽培。番荔枝属有 120 个种，多数起源于南美洲，如刺果番荔枝、牛心番荔枝、圆滑番荔枝、毛叶番荔枝（秘鲁番荔枝）等。人们通过番荔枝种间杂交形成新的栽培种，著名的杂交种有阿蒂莫耶番荔枝。

◆ **形态特征**

番荔枝为半落叶小乔木，高 3～5 米。树皮薄，灰白色，多分枝。单叶互生，叶薄革质，全缘、椭圆状或长圆形，长 6～17.5 厘米，宽 2～7.5 厘米，顶端急尖或钝，基部阔楔形或圆形，叶背苍白绿色，初时被微毛，后变无毛；侧脉每边 8～15 条，基部略凸起。花单生或 2～4 朵聚生于枝顶或与叶对生，长约 2 厘米，青黄色，下垂；花蕾披针形；萼片三角形，被微毛。外轮花瓣狭而厚，肉质，长圆形，顶端急尖，被微毛，镊合状排列，内轮花瓣极小，退化成鳞片状，被微毛。雄蕊长圆形，药隔宽，顶端近楔形；雌蕊多，球状排列，心皮长圆形，无毛，微

相连易于分开，柱头卵状，每心皮
有胚珠 1 颗。果实为聚合果，圆球
状或心状圆锥形，直径 5 ～ 10 厘米，
重约 350 克，无毛，黄绿色，外面
被白色粉霜。聚合果由数十个小瓣
组成，每个瓣里含有一颗乌黑晶亮

番荔枝的果实

的种子，呈卵形。果肉为假种皮，乳白色，呈乳糕状。花期 5 ～ 6 月，
果期 6 ～ 11 月。

◆ **栽培管理**

番荔枝嫁接苗种植第二年即可坐果，5 年后进入盛产，无明显大小
年。栽培要点包括：①建园与定植。选择避风向南的坡地或具有防护林
的平地建园。定植穴直径 1 米、深 0.8 米，添加充足的腐熟有机肥、钙
镁磷等矿物基肥。定植时浇足定根水，并在周围覆草保墒。定植时间以
2 ～ 4 月为宜。②土肥水管理。在枝梢生长和花果发育期间，保证速效
营养的均衡供应。营养生长期间注意氮肥供应，花前适度叶面喷施硼、
锌、钙元素，果实发育特别是快速膨大前应追施钾肥。番荔枝根系怕积
水，多雨季节应及时排水防涝，防止根腐病的发生。③整形修剪。主枝
与主干夹角要大，形成主枝分层式平展树形，尽量使永久枝向外均匀伸
长。主枝剪短一定长度，促使产生亚主枝，使该主枝上每年萌发多数侧
枝，增加着果面与部位。冬剪在采果后进行，为控制生长势，应剪除徒
长枝与结果后残枝，短截主枝，留主干，使植株保持矮化树形，促进萌
芽及生长整齐。夏剪则主要剪除密生枝、细弱枝等，以改善通风透光条

件，减少养分消耗。④产期调节。7月下旬至9月下旬进行轻剪，短截并摘除枝条上2～4片叶，使其再萌发新梢、开花结果，12月至翌年2月果实成熟；冬季采果后进行重剪，翌年9～11月果实成熟。⑤花果管理。番荔枝需要人工授粉保证坐果。花瓣半张开时花药未开裂，而雌蕊已经成熟，可用毛笔从花瓣完全张开、花药自然裂开的花上蘸取花粉授于花瓣半张开的花柱上。在小果期果径达2厘米时疏除畸形果、病虫果、密生果，使每条结果枝留1个果，以减轻树体负担，维护树势，提高大型果和优质果比例。⑥采收。番荔枝有后熟现象，可在硬熟期采收。一般在果实表面鳞沟展开后7天采收，以选择果实外观鲜丽、硕大，成熟度明显者为佳。采后须后熟3～6天方可食用。

番荔枝主要病害有炭疽病、叶疫病、叶斑病、软腐病、蒂腐病、酸腐病、根腐病等，主要害虫有蓟马、天牛、木蠹蛾、柑橘小实蝇、铜绿金龟子、介壳虫、红蜘蛛等。在果实直径2～3厘米时进行套袋，可提高品质，防止病虫、鸟为害。

◆ 主要用途

番荔枝果实富含营养，每100克果肉含脂肪0.14～0.3克、总糖15.3～18.3克、矿物质0.6克、有机酸为0.42克、维生素C 0.26克、蛋白质1.55克。果实可食率67%，果肉清甜绵密，略带微酸，并具芳香，风味甚佳，深受消费者欢迎，经济效益显著。

木　豆

木豆是被子植物真双子叶植物豆目豆科木豆属的一种直立灌木。

木豆原产地或为印度，极耐瘠薄干旱，世界上热带和亚热带地区普遍有栽培。中国云南、四川、江西、湖南、广西、广东、海南、浙江、福建、台湾、江苏各地都有分布。

木豆高可达 3 米。茎多分枝，小枝被灰色短柔毛。羽状复叶具 3 小叶，疏被短柔毛；小叶披针形至椭圆形，先端渐尖或急尖，基部渐

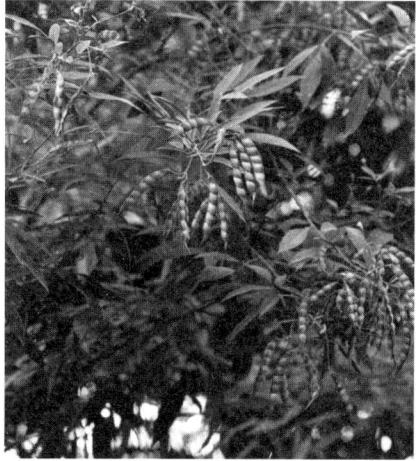

木豆荚果

窄，上面被灰白色短柔毛，下面毛较密，呈灰白色，有黄色腺点。花序总状，花数朵簇生于花序轴的顶部或近顶部；花萼钟状，萼齿 5，三角状披针形，内外均被短柔毛并有腺点；花冠黄色，旗瓣近圆形，背面有紫褐色条纹，基部有附属体及耳，翼瓣稍短于旗瓣，龙骨瓣短于翼瓣，均具瓣柄；子房被毛，胚珠多数，花柱线状，柱头头状。荚果线状长圆形，种子近圆形，种皮暗红色。花果期 2 ～ 11 月。

木豆种子可食，常为当地的菜肴，可作糕点馅料；叶可作家畜饲料、绿肥；根入药能清热解毒。木豆亦为紫胶虫的优良寄主植物。

可　可

可可是被子植物真双子叶植物锦葵目锦葵科可可属的一种。

◆ 分布

可可原产于美洲热带，为典型热带植物，主要分布在南纬和北纬

20°以内的区域。适生于高温多雨和湿度大的环境，要求年平均温度为22.4 ~ 28℃，月平均最低温度15℃，年降水量1400 ~ 2000毫米。世界上主要可可产区的年平均温度都在25℃以上，温度的变化幅度也很小。世界热带地区普遍引种，主产于美洲中部及南部、东南亚。中国于1922年在台湾南部开始引种，现海南东南部和云南南部有栽培。

◆ 形态特征

可可为常绿小乔木，高达12米。小枝有褐色短柔毛。叶革质，长椭圆形，长10 ~ 40厘米，宽5 ~ 20厘米，先端长渐尖，基部圆形、近心形或钝，全缘，两面无毛，嫩叶下垂，带红色。托叶条形，早落。花小，排成聚伞花序，簇生于树干或老枝上，故称茎花植物。终年开花结实，而5 ~ 11月为盛花期。花的直径为1 ~ 2厘米，萼片5，粉红色，长披针形，边缘有毛，宿存。花瓣5，淡黄色，略比萼片长，下部凹陷成盔状，上部匙形向外反卷。雄蕊5枚，花丝基部合生成筒状。退化雄蕊5，线形，能育雄蕊与退化雄蕊互生。子房5室，每室胚珠14 ~ 16，两列，花柱圆柱状。果为核果，卵球形，长15 ~ 30厘米，粗8 ~ 10厘米，有纵沟纹，成熟时橙黄色或浅红色。每果有种

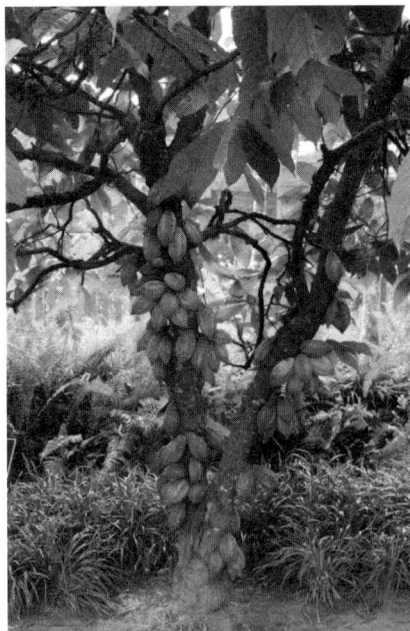

可可

子 20 ～ 50 个。种子扁圆柱形，长 1.8 ～ 2.6 厘米，粗 1 ～ 1.5 厘米，埋藏在胶质果肉中，每个种子由白色果肉包裹；子叶颜色多种，从白色到深紫色，随不同品种而变。

◆ 主要用途

可可是世界三大饮料作物之一，是生产巧克力的主要原料。种子除含油高达 58% 外，还含有多种有机酸、维生素、微量元素、多酚、可可碱，含 500 多种芳香物质。种子经过发酵、焙炒后，可做饮料和巧克力糖，营养丰富，味醇且香，具有兴奋和滋补的作用；果肉发酵后可生产一种酒精饮料。

油 茶

广义上的油茶指山茶科山茶属中可以制取食用植物油的物种。狭义上的油茶指普通油茶。油茶种子可榨油供食用，故名。

◆ 分布

全世界山茶属植物有 280 余种，主产东亚亚热带地区。中国有 240 余种，分布于秦岭、淮河以南和青藏高原以东的南方各地，南北分布在北纬 18°21′ ～ 34°34′，东西分布在东经 98°40′ ～ 121°40′；垂直分布于中国东部地区海拔 100 米以下的低山丘陵到西部海拔 2200 米以上的云贵高原的广大地域，但以东南部 500 米以下的丘陵山地栽培最多、生长结实最好。油茶栽培面积以湖南、江西和广西最大，占中国油茶栽培面积的 70% 以上。其次为贵州、广东、福建、浙江、云南、安徽、湖北、河南等省，四川、陕西、台湾、江苏、海南等地亦有少量栽培。普通油茶最适生长区为湖南、江西两省的低山丘陵。

◆ 形态特征

油茶为灌木或小乔木。树皮多光滑。芽鳞多数。单叶，互生，革质，有锯齿。花单生，两性；苞片 2 ～ 8，萼片 5 至多数；花瓣 5 ～ 14，基部稍连生；雄蕊多数，与花瓣基部连生，多轮。蒴果背裂，果皮木质或木栓质。

油茶属虫媒花。由于开花在秋冬，主要依靠地蜂进行传粉授粉，林地放养蜜蜂有利于提高油茶坐果率和油茶产量。油茶的花期和果期有段时间发生重叠，即在同一株树体上油茶花朵和油茶果实同时存在，表现出"抱子怀胎"的特异开花结果特性。种子胚乳丰富，富含油脂。普通油茶秋冬开花，坐果后就停止生长，翌年 3 月第一次开始果实膨大生长，7 ～ 8 月进入果实膨大高峰期，9 ～ 10 月为油脂转化和积累期，果实生长几乎经历一整年的时间。油茶果实和种子成熟时期因品种类群的不同而存在较大差异，多数品种自然成熟后果实自然开裂。

◆ 生长习性

油茶苗期和童期比较耐阴，但成龄树喜光。在阳光充足的地方生长良好，产量高，种子含油率高。油茶喜温暖，但有较强的抗寒能力，最适合生长在年平均气温 16 ～ 18℃、花期适宜平均气温为 12 ～ 13℃ 的亚热带地区。油茶喜酸性，在 pH 为 4.5 ～ 6.5 的酸性红壤上生长最好。油茶具有很强的耐干旱、耐低磷、耐铝毒的优良生态适应性，是南方丘陵红壤地区优良的经济树种生态树种。山茶属植物的染色体基数为 $x=15$，多数山茶物种为二倍体，但普通油茶的染色体倍性复杂，多为

$2n=4x=60$，可能为同源多倍体。油茶实生繁殖后代变异大，通常对良种进行嫁接繁殖。

根据普通油茶果实成熟的时间差异，可将普通油茶划分为秋分籽品种群、寒露籽品种群、霜降籽品种群、立冬籽品种群四大品种群。秋分籽品种群9月下旬开始开花，秋分前后成熟。寒露籽品种群10月上、中旬开花，寒露前后成熟。霜降籽品种群10月下旬开花，霜降前后成熟。立冬籽品种群12月开花或11月初开花，立冬前后成熟。上述品种类群中以霜降籽品种类型最多，寒露籽和立冬籽次之，秋分籽最少。

◆ **主要品种**

主要栽培物种有普通油茶、滇山茶、浙江红山茶、高州油茶、小叶油茶、攸县油茶等。其中，以普通油茶的栽培面积最大，占栽培总面积的95%以上。油茶品种类群繁多，20世纪60年代以来，中国开始了油茶良种选育的研究工作，经过数十年的选育，截至2024年底通过国家和省级审（认）定的全国油茶主推品种有160个，主要有华字系列品种、长林系列品种、湘林系列品种、赣无系列品种、岑软系列品种和赣州油系列品种等。

华字系列品种

华字系列品种由中南林业科技大学等单位选育，包括华硕、华金和华鑫3个品种，是中国所有优良品种中果实最大的品种，适宜在湖南、江西、贵州、广西北部、湖北南部等省（自治区）重点产区栽培。①华硕[国审（认）定良种编号：国S-SC-CO-011-2009]。为立冬籽类型。11月上旬成熟；果实扁圆形，单果重70.78克，最大单果重125克；

鲜果出籽率 43.49%，种仁含油率 45.1%。盛产期产茶油 1190 千克 /
公顷以上。稳产性能最好，授粉品种为湘林 210。②华金 [国审（认）
定良种编号：国 S-SC-CO-009-2009]。为霜降籽类型。10 月下旬果
实成熟；果实梨形，单果重 49.32 克，最大单果重 85 克；鲜果出籽率
38.67%，种仁含油率 46.0%。盛产期产茶油 1179.5 千克 / 公顷。授粉品
种为华鑫。③华鑫 [国审（认）定良种编号：国 S-SC-CO-010-2009]。
为霜降籽类型。10 月下旬果实成熟；果实扁圆形，单果重 47.83 克，最
大单果重 100 克；鲜果出籽率 51.72%，种仁含油率 39.97%。盛产期产
茶油 1188.8 千克 / 公顷。授粉品种为华金。

长林系列品种

长林系列品种由中国林业科学研究院亚热带林业研究所和亚热带
林业研究中心等单位选育。共 9 个品种，其中表现最优的有长林 4、长
林 40 和长林 53，适宜在江西、湖南、广西等省（自治区）重点产区栽
培。①长林 4 [国审（认）定良种编号：国 S-SC-CO-006-2008]。为
霜降籽类型。10 月下旬果实成熟；果实橄榄形，单果重 20.41 克，最
大单果重 31.4 克；鲜果出籽率 44.64%，种仁含油率 46.0%。盛产期产
茶油 900 千克 / 公顷。②长林 40 [国审（认）定良种编号：国 S-SC-
CO-011-2008]。为寒露籽类型。10 月中旬果实成熟；果实近球形或
梨形，单果重 25.93 克，最大单果重 34 克；鲜果出籽率 46.92%，种仁
含油率 50.3%。盛产期产茶油 988.5 千克 / 公顷。③长林 53 [国审（认）
定良种编号：国 S-SC-CO-012-2008]。霜降籽类型。10 月下旬果实
成熟；果实梨形，单果重 39.29 克，最大单果重 44.8 克；鲜果出籽率

54.61%，种仁含油率 45.0%。盛产期产茶油 1120.5 千克 / 公顷。

湘林系列品种

湘林系列品种由湖南省林业科学院等单位选育。国审品种共 14 个，其中表现最优的品种有湘林 1、湘林 27 和湘林 210，适宜在湖南、江西、广西、浙江等省（自治区）重点产区栽培。①湘林 1 ［国审（认）定良种编号：国 S-SC-CO-013-2006］。霜降籽类型。10 月下旬果实成熟；果实卵形，单果重 28.07 克，最大单果重 53 克；鲜果出籽率 51.55%，种仁含油率 54.8%。盛产期产茶油 900 千克 / 公顷。②湘林 27 ［国审（认）定良种编号：国 S-SC-CO-013-2009］。霜降籽类型。10 月下旬果实成熟；果实圆球形或扁球形，单果重 25.23 克，最大单果重 40 克；鲜果出籽率 47.83%，种仁含油率 57.2%。盛产期产茶油 995.4 千克 / 公顷。③湘林 210 ［国审（认）定良种编号：国 S-SC-CO-015-2006］。霜降籽类型。10 月下旬果实成熟；果实圆形，单果重 39.15 克，最大单果重 57 克；鲜果出籽率 47.26%，种仁含油率 53.7%。盛产期产茶油 750 千克 / 公顷。

赣无系列品种

赣无系列品种由江西省林业科学院等单位选育。共有 25 个品种，其中表现最优的品种有赣无 2、赣 70 和赣兴 48，适宜在江西重点产区栽培。①赣无 2 ［国审（认）定良种编号：国 S-SC-CO-026-2008］。霜降籽类型。10 月下旬果实成熟；果实圆球形，单果重 26.85 克，最大单果重 39 克；鲜果出籽率 49.2%，种仁含油率 49.4%。盛产期产茶油 1042 千克 / 公顷。②赣 70 ［国审（认）定良种编号：国 R-SC-CO-025-2010］。霜降籽类型。10 月下旬果实成熟；果实椭球形，单果重 21.40 克，最大单果重 33 克；鲜果出籽率 52.13%，种仁含油率 50.5%。盛产期产茶油 1056 千克 / 公顷。③赣兴 48 [国审（认）定良种编号：国 S-SC-CO-006-2007]。霜降籽类型。10 月下旬果实成熟；果实圆球形，单果重 13.4 克，最大单果重 19 克；鲜果出籽率 43.78%，种仁含油率 56.7%。盛产期产茶油 1089 千克 / 公顷。

岑软系列品种

岑软系列品种由广西壮族自治区林业科学研究院等单位选育。国审品种共 10 个，其中表现最优的品种有岑软 2 和岑软 3，适宜在广西、广东等省（自治区）重点产区栽培。①岑软 2 [国审（认）定良种编号：国 S-SC-CO-001-2008）。霜降籽类型。10 月下旬果实成熟；果实球形，单果重 30.5 克，最大单果重 58.2 克；鲜果出籽率 34.48%，种仁含油率 51.37%。盛产期产茶油 920 千克 / 公顷。②岑软 3 [国审（认）定良种编号：国 S-SC-CO-002-2008）。霜降籽类型。10 月下旬果实成熟；果实球形，单果重 28.40 克，最大单果重 45.5 克；鲜果出籽率 36.1%，种仁含油率 53.6%。盛产期产茶油 940 千克 / 公顷。

赣州油系列品种

赣州油系列品种由赣州市林业科学研究所等单位选育。国审品种共有 11 个，其中表现最优的品种有 GLS 赣州油 1 号、赣州油 1 号，适宜在江西南部、广东北部及福建南部油茶中心产区生长推广。① GLS 赣州油 1 号 [国审（认）定良种编号：国 S-SC-CO-012-2002]。霜降籽类型。10 月下旬果实成熟；果实球形，单果重 28.97 克，最大单果重 46.84 克；鲜果出籽率 40.05%，种仁含油率 48.47%。盛产期产茶油 1008.72 千克 / 公顷。②赣州油 1 号［国审（认）定良种编号：国 S-SC-CO-014-2008］。霜降籽类型。10 月下旬果实成熟；果实球形，单果重 35.40 克，最大单果重 49.33 克；鲜果出籽率 42.96%，种仁含油率 49.67%。盛产期产茶油 854.61 千克 / 公顷。

◆ 培育技术

油茶采穗圃是良种嫁接苗和扦插苗的良种穗条来源地。油茶采穗圃的营建方式主要有高接换冠营建和新定植营建两种。高接换冠营建采穗圃的优点是建圃快、受益快，缺点是成本高、技术要求高；新定植营建采穗圃的优点是成本低、技术要求低，缺点是建圃慢、受益慢。

苗木培育

油茶的苗木培育技术分为嫁接苗培育技术、扦插苗培育技术和实生苗培育技术。生产中最为广泛使用的是芽苗砧嫁接轻基质容器育苗技术。芽苗砧嫁接轻基质容器育苗技术利用种子发芽的芽苗做砧木，嫩芽作接穗，以农林废弃物等作基质，以无纺布作营养袋，初期在高温高湿条件进行砧穗愈合，后期在弱光条件下促进苗木与生长的育苗技术。通常培育 2 年生苗木用于新林营造，也可培育 3 ～ 4 年的大苗用于新林营造。

在排灌系统、防护林体系健全、交通运输方便的地区，选择树龄 6 年生以上、40 年以下、林相整齐、小区划分明显、株行距规范的油茶林分作为高接换冠的对象林分。6 月夏季或 9 月秋季，避开中午高温时段，采集国家或省级审定的油茶优良品种纯正的半木质化穗条作为接穗进行大树嫁接。一般采用油茶撕皮嫁接法或改良拉皮切接法，分块或分行嫁接同一品种。嫁接后 30 ～ 40 天在阴天、早上或傍晚开始解罩，同时进行抹花芽。嫁接后，注意除萌和防治金龟子等虫害。新定植营建采穗圃与油茶新造林基本相同，分块或分行栽植同一品种。

栽培技术

油茶栽培分布范围很广，但造林地的选择依然重要。宜选择坡度 25°以下、土层深厚、排水良好、pH 为 4.5 ～ 6.5 的阳坡或半阳坡的山地或丘陵地造林。以撩壕或大穴为佳，整地时要施足有机肥。采用 2 年生或 3 ～ 4 年生嫁接苗造林。纯林栽植密度根据品种特性，可分别采用 2.5 米 ×2.5 米、2.5 米 ×3 米、3 米 ×3 米株行距。实行间种或者为便于机械作业，可采用宽窄行配置，宽行 4 米，窄行 2.5 米，株距以 2.5 ～ 3 米为宜。

油茶属后期自交不亲和树种，栽植时需配置授粉品种，授粉品种的配置主要考虑 2 个或 2 个以上品种之间的异交亲和性和花期相遇。

◆ 成林管理

油茶定植后，在距接口约 50 厘米处定干，适当保留主干，第一年在 30 ～ 40 厘米处选留 3 ～ 4 个生长强壮、方位合理的侧枝培养为主枝；第二年再在每个主枝上保留 2 ～ 3 个强壮分枝作为副主枝；第 3 ～ 4 年，在继续培养主枝、副主枝的基础上，将其上的强壮春梢培养为侧枝群，并使三者之间比例合理，均匀分布。在条件适宜时，油茶具有内膛结果习性，但要注意在树冠内多保留枝组以培养树冠紧凑、树形开张的丰产树形。要注意摘心，控制枝梢徒长，并及时剪除徒长枝、病虫枝、重叠枝和枯枝等。

油茶初期生长慢，栽后第 3 年后进入快速生长期。油茶栽后一般第 3 年开始结果，4 ～ 6 年开始有一定产量。幼林期的管理特点是促使树冠迅速扩展，培养良好的树体结构，促进树体养分积累，为进入盛果期打下基础。油茶进入盛果期一般为栽后 7 ～ 8 年，经济收益期可以达 50 年以上。在盛果期内，每年结实量大，需消耗大量的养分，所以成林管理的主要工作是加强林地土、肥、水管理，恢复树势，防治病虫害，保障丰产稳产。

南方丘陵红壤地区有机质含量普遍偏低，严重缺磷、缺硼，施肥有利于提高油茶的生长量和产果量。油茶满树繁花，但坐果率比较低，配以适当的硼肥有利于提高坐果率。长江流域一般夏秋干旱，油茶大量挂果时会消耗大量水分，7 ～ 9 月适当灌溉有利于提高油茶种子的含油率。

油茶多生长在南方红壤地区，土壤有机质含量低、土壤结构差，为促进土壤熟化，改良土壤理化性状，改善油茶根系通气状况，扩大根系分布和吸收范围，促进须根生长，满足树体对养分的大量需求，提高其抗旱、抗冻能力，保持丰产稳产，需隔年对土壤进行垦覆，一般秋冬结合施肥时进行。

油茶病虫害主要有油茶炭疽病、油茶软腐病、油茶根腐病、油茶尺蠖、茶毒蛾、茶子等。根据需要适时实施以生物防控为主的病虫害防控技术，保障油茶林的健康经营。

◆ **主要用途**

茶油不饱和脂肪酸含量约 90%，其中油酸含量约为 80%，亚油酸含量约为 8%，其脂肪酸含量与橄榄油相近，是一种非常优质的食用植物油，长期食用可降低血清胆固醇，有预防和治疗心血管疾病的作用。茶油除食用外，还有其他广泛的经济用途，如茶油在工业上可制取单体油酸及其酯类，可通过氢化制取硬化油生产肥皂和凡士林等，也可经极度氢化后水解制硬脂酸和甘油等工业原材料，也可制取生物质能源——生物柴油。茶油本身也是医药上的原料，用于制作注射用的针剂和调制各种药膏、药丸等。民间用茶油治疗烫伤和烧伤以及体癣、慢性湿疹等皮肤病。茶油还能润泽肌肤，用来润发护发，可使头发乌黑柔软。通过利用高亚油酸茶油能滋养皮肤、吸收对人体最有害的 290～320 微米的短波紫外线（UVB）的功能，通过精炼制作的天然高级美容护肤系列化妆品，通过精炼加工成高级保健食用油等，效益可成倍增加。茶饼是油茶种子经压榨出油后形成的固体残渣，内含大量的多糖、蛋白质和皂素。茶饼可以提取残油、皂素，用作饲料、有机肥料，用于制作抛光粉、生物农药、洗涤剂、灭火器起泡剂及药剂配方等。茶壳也就是油茶果的果皮，一般占整个茶果鲜重的 50%～60%。茶壳可以制取糠醛、木糖醇、栲胶、活性炭、培养基、育苗基质、生物质颗粒能源等。每生产 100 千克茶油的茶壳，可提炼栲胶 36 千克、糠醛 32 千克、活性炭 60 千克、碳酸钾 60 千克，并能衍生出冰醋酸 6.4 千克、醋酸钠 25.6 千克。

光皮树

光皮树是山茱萸科梾木属落叶乔木。光皮树是一种理想的多用途油料树种。主要分布在温带和亚热带地区，在中国北到河南，南至广西，东到江西，西至重庆，均有栽培。

◆ **形态特征**

光皮树高可达 5～40 米。树皮灰色至青灰色,块状剥落。小枝圆柱形,深绿色,无毛。冬芽长圆锥形。叶片对生,纸质,先端渐尖或突尖,基部楔形或宽楔形,边缘波状;叶面深绿色,叶背灰绿色;叶柄细圆柱形。顶生圆锥状聚伞花序,被灰白色疏柔毛;总花梗细圆柱形,花小;白色,花萼裂片三角形,长于花盘;花瓣长披针形;花丝线形;花药线状长圆形,黄色,丁字形着生;花盘垫状,无毛;花柱圆柱形;子房下位;花托倒圆锥形。核果球形,色黑,直径 6～7 毫米。核骨质,球形。花期 5～6 月,果期 9～11 月。

◆ **生长习性**

光皮树垂直分布于海拔 100～1500 米。对光照要求中性,偏喜光。光照不足的河谷及密林中,树冠发育不良,虽主干很高,但冠幅小,结实少。对温度的要求,能忍受 -23℃ 的低温和 43.4℃ 的高温。对水分的要求:在降水量 450～1000 毫米的条件下生长良好;不同物候期对水分的要求有差异,早春严重干旱或 7～8 月遭到伏旱,会造成花果脱落。对土壤质地的要求:在微酸性土、中性土及微碱性土中都能生长,能在比较贫瘠的山地、沟坡、河滩及地堰、石缝里生长,但以在 pH 为 7.0～7.5 的钙质土中生长最好。

光皮树属深根性树种,根系发达,分蘖能力强,能在石缝里穿插延伸 3～5 米,主要分布区在 30～50 厘米深处。苗期生长较快,当年播种苗高可达 1.0 米左右,2 年生苗高 1.5～2.0 米,萌蘖条可高达 2 米。栽后 4～6 年始果,盛果期每株产果可达 10～40 千克,最多可超过

100 千克。盛果期较长，一般为 60 ～ 70 年以上。

◆ **培育技术**

选择 2 年生健壮苗木，在地势较平坦、土层深厚、土壤肥沃的山麓、沟坡、冲积河滩和四旁地造林。多选择在春季芽未萌动前造林，山地造林宜选择在秋季进行整地。定点挖穴，穴大多为 1.0 米 ×1.0 米 ×0.5 米，并施足基肥。造林密度视立地条件而定，平地造林采用 6 米 ×6 米或 6 米 ×7 米的株行距，山地造林可采用 4 米 ×6 米或 5 米 ×5 米的株行距。光皮树萌芽力很强，树冠内常萌发许多侧枝，消耗养分，影响正常的生长和结实。因此，从幼林开始就要及时进行整形修剪。造林后 2 ～ 3 年定干高度一般以 1.5 ～ 2.0 米为宜，在其上留 3 ～ 4 个侧枝。定干后下部萌发的枝条应及时剪去，以后每年剪去萌发的徒长枝、重叠枝、下垂枝及竞争枝，促使其形成良好的树形。白露至秋分前后果实成熟，应及时采收。采收后去掉果柄、果穗等杂物，阴干后即可榨油。

◆ **主要用途**

光皮树的果皮、果肉和种仁均含有丰富的脂肪，果实含油率为 31.8% ～ 41.3%。其中果肉含油量最高，占果实全部油脂的 95% 以上。土法榨油出油率为 25% ～ 30%。初榨出的油呈绿黄色，贮藏 1 ～ 2 年后呈黄色，透明。油的理化性质：折光指数为 1.4920，碘值为 100 ～ 140，皂化值 193 ～ 200，酸价较低，为 1.5，属于半干性油。油的脂肪酸为 30% ～ 68%，油酸为 16% ～ 23%，棕榈酸为 6% ～ 23%，还有 2% 左右的亚麻酸和硬脂酸。除可供食用外，还可作工业用油。如制肥皂，用作机械、钟表机件的润滑油，还可以制造油漆。油渣可作饲料和肥料。光皮树的花有蜜，可作为蜜源植物。其木材坚硬，纹理细致，可供建筑、家具及农具等用。

紫荆木

紫荆木是被子植物真双子叶植物杜鹃花目山榄科紫荆木属的一种常绿乔木。又称木花生。

紫荆木名出《广东主要经济树木》。紫荆木分布于中国广东南部、广西东南部、云南南部。越南北部也有分布。生长在海拔 1100 米以下密林、针阔混交林中或山地林缘。

紫荆木高达 30 米，胸径 60 厘米，具黄白色汁液；嫩枝密被锈色绒毛，后变无毛。叶常聚生枝顶，薄革质，倒卵形至倒卵状披针形，长 6～16 厘米，宽 2～6 厘米，先端渐尖、急尖或微凹，基部楔形，两面无毛，侧脉 13～22，细密；叶柄长 1.5～3.5 厘米，被锈色或灰色短柔毛。花数朵簇生叶腋，花梗长 1.5～3.5 厘米，密被锈色柔毛；两性花，辐射对称；萼片 4，外面和里面上部被锈色短柔毛；花冠合瓣，6～11 裂，白色或淡黄绿色；能育雄蕊 18～22，排成 1 轮；心皮 6～8，合生，子房密被锈色短柔毛，上位，卵形，6～8 室，每室 1 胚珠。浆果椭圆形或卵球形，稍歪斜，长 2～3 厘米，径 1.5～2 厘米，基部具宿萼，

紫荆木

先端常具宿存、花后延长的花柱，果皮肥厚，被锈色绒毛；种子 1 ~ 5，椭圆形，有光泽，表面有长圆形疤痕。花期 7 ~ 9 月，果期 10 月至翌年 1 月。

紫荆木木材坚韧、耐腐蚀，花纹美观，是良好的建筑和高档家具用材；种仁含油 45%，可作食用油，也可榨油制肥皂，或可作生物柴油原料；树皮含单宁。

粉 葛

粉葛是被子植物真双子叶植物豆目豆科葛属葛的一个变种。

粉葛产于中国云南、四川、西藏、江西、广西、广东、海南等地区。老挝、泰国、缅甸、不丹、印度、菲律宾有分布。生于山野灌丛或疏林中，亦有栽培。

粉葛为多年生草质藤本，茎枝生褐色短毛并杂有长硬毛。三出复叶，互生，小叶菱状卵形至阔卵形，有时 3 裂，两面有黄色长硬毛；托叶宿存，披针状长椭圆形，有毛。总状花序腋生，小苞片卵形；花两性，两侧对称；萼钟状，萼齿 5，披针形，有黄色长硬毛；花瓣 5，紫色，蝶形花冠；雄蕊 10，结合成 9 个花丝合生，1 个花丝离生的二体雄蕊；心皮 1，子房上位，1 室，胚珠多数；荚果长椭圆形，扁平，长达 15 厘米，密生黄色硬毛；种子 8 ~ 12 粒，褐色，肾形或圆形。花期 9 月，果

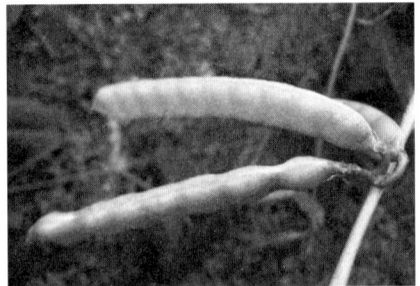

粉葛荚果

期 11 月。

葛种下有 3 个变种，粉葛为其中之一，因其块根富含淀粉，可供食用，故称粉葛。另外两个变种是原变种和葛麻姆，后者的块根也可食。

粉葛茎皮纤维可作粗纺织原料；地下茎供食用或制淀粉及酿酒；根和花可入药，能解热止泻；种子油为工业润滑油。

绿化与观赏树种

山　茶

山茶是山茶科山茶属灌木或乔木，是中国重要的经济树种。

◆ 名称来源

山茶的属名由瑞典博物学家 C.von 林奈于 1753 年提出，以纪念捷克斯洛伐克的传教士和药剂师 G.J. 卡莫勒斯。

◆ 分布

山茶分布于东亚北回归线两侧，在中国主要分布于云南、广西、广东和四川地区。

◆ 形态特征

山茶叶多为革质，羽状脉，有锯齿，具柄。花两性，顶生或腋生，单花或 2 ～ 3 朵并生；苞片 2 ～ 6 片；萼片 5 ～ 6 片，分离或基部连

山茶花

生；花冠白色或红色，有时黄色，基部多数少连合；花瓣 5 ～ 12 片，栽培种常为重瓣，覆瓦状排列；雄蕊多数，排成 2 ～ 6 轮，外轮花丝常于下半部连合成花丝管，并与花瓣基部合生；子房上位，3 ～ 5 室。果为蒴果；种子圆球形或半圆形，种皮角质，胚乳丰富。

◆ **生长习性**

不同山茶的生长特性有所差异，如山茶花喜温暖湿润半阴环境，怕高温和强光暴晒，不耐干旱，栽培时宜选用土层深厚、疏松、排水良好的微酸性沙质土壤；而浙江红山茶性喜排水良好、通透性好、腐殖质含量较高、湿润疏松的微酸性黄壤，最喜黄红壤亚类和黄壤亚类。

◆ **培育技术**

山茶的繁殖方法分为有性繁殖和无性繁殖，无性繁殖中使用较普遍的有枝插法、叶插法、高插法和靠接法。

◆ **系统位置**

参照 APG-Ⅳ（Angiosperm Phylogeny Group Ⅳ）分类系统（由被子植物系统发育研究组建立的被子植物分类系统第 4 版），本属属于杜鹃花目山茶科，约 120 种，与核果茶属近缘。本属有些种类十分珍稀，如金花茶为国家一级保护植物，应加强种质资源的保护。

◆ **主要用途**

本属植物具有很高的利用价值，其叶可作茶，是广泛嗜好的饮料，是国际贸易的重要商品；种子含油量高，是食用油及工业用油的原料来源，少数种类供药用，大多数种类具有观赏价值。

杜 鹃

杜鹃是杜鹃花科杜鹃花属灌木或乔木，是中国重要的观赏园艺植物。

◆ 名称来源

杜鹃的属名 *Rhododendron* 由瑞典植物学家 C.von 林奈于 1753 年提出，其中 *rhodon* 意为蔷薇花、红色，而 *dendron* 意为树木，指某些种类的花红色，或指顶端花簇的外貌。另说，来自欧洲夹竹桃之古希腊名，转用于本属。

◆ 分布

本属植物在园艺学上占有重要的位置，自 19 世纪中期英国引种杜鹃开始，至 20 世纪杜鹃属植物大量被发现，被引种栽培的杜鹃已超 600 种，遍及世界许多国家。

杜鹃广泛分布于欧洲、亚洲、北美洲，主产于东亚和东南亚，形成本属的两个分布中心。中国除新疆、宁夏地区外，各地均有，但集中产于西南、华南地区。

◆ 形态特征

杜鹃有时矮小呈垫状，地生或附生。叶常绿或落叶、半落叶，互生，全缘，稀有不明显的小齿。花显著，通常排列成伞形总状或短总状花序，通常顶生；花萼 5～6（～8）裂或环状无明显裂片，宿存；花冠漏斗状、钟状、管状或高脚碟状，5～6（～8）裂，裂片在芽内覆瓦状；雄蕊 5～10，通常 10，着生花冠基部；子房通常 5 室，花柱细长劲直或粗短而弯弓状，宿存。蒴果，种子多数，细小，纺锤形，具膜质薄翅。

◆ 生长习性

杜鹃花是中国三大著名自然野生名花（杜鹃花、报春花和龙胆花）之一，也是世界著名的四大高山花卉之一，是重要的森林植被组成种类，特别在亚高山及高山植被景观中是重要的建群种类，在植物群落组成、物种共存以及生物多样性维持等方面具有重要作用。

◆ 培育技术

自然条件下，该属植物主要通过种子繁殖进行自然更新和种群扩张。研究表明该属植物种子没有休眠，为正常型种子，外界生态因子特别是温度、光照和土壤基质均显著影响种子的萌发。此外，大量的研究亦表明，该属植物种子为需光性种子，种子在黑暗条件下不能萌发或萌发率较低，光照能显著提高种子的萌发率。该属植物的扦插主要为枝插，且以半木质化的插条生根率较高，很少采用芽作为插条。

◆ 系统位置

参照 APG- Ⅳ（Angiosperm Phylogeny Group Ⅳ）分类系统（由被子植物系统发育研究组建立的被子植物分类系统第 4 版），本属属于杜鹃花目杜鹃花科，共计约 850 种。本属植物多具有重要园艺价值，应加强种质资源的收集与保护。

木 兰

木兰是木兰科木兰属乔木或灌木，是中国北纬 34°以南的重要林业树种。

◆ **名称来源**

木兰的属名由瑞典植物学家 C.von 林奈于 1753 年提出，以纪念法国医生和植物学家 P. 蔓欧。

◆ **分布**

木兰产于亚洲东南部温带及热带。印度东北部、马来群岛、日本、北美洲东南部、美洲中部及大、小安的列斯群岛。在中国，分布于西南部、秦岭以南至华东、东北地区。

◆ **形态特征**

木兰树皮通常灰色，光滑，通常落叶，少数常绿；小枝具环状的托叶痕。叶膜质或厚纸质，互生，全缘，稀先端 2 浅裂。花通常芳香，大而美丽，雌蕊常先熟，单生枝顶；花被片白色、粉红色或紫红色，很少黄色，9 ～ 21（45）片，每轮 3 ～ 5 片；雄蕊早落，花丝扁平，药隔延伸成短尖或长尖；雌蕊群和雄蕊群相连接，无雌蕊群柄。心皮分离，每心皮有胚珠 2 颗。聚合果成熟时通常为长圆状圆柱形，卵状圆柱形或长圆状卵圆形，常因心皮不育而偏斜弯曲。种子 1 ～ 2 颗，种脐有丝状假珠柄与胎座相连，悬挂种子于外。

◆ **生长习性**

不同种类的木兰生物生态特性有所差别，如：①广玉兰。为阳性树种，生长喜光，幼苗期比较耐阴，喜温暖湿润气候，有一定的抗寒能力。适生于肥沃、湿润与排水良好的微酸性或中性土壤，在碱性土种植时易发生黄化，忌积水和排水不良的土壤中生长，对烟尘及二氧化硫气体有较强的抗性，病虫害少，根系发达，抗风力强。②厚朴。喜光，幼树耐阴，常栽培于阴湿、凉润的山麓和沟谷，以及肥厚的黄壤、黄棕壤区域。③天女木兰。喜欢湿润、凉爽的环境以及肥沃、深厚的土壤。适合生长在阴湿的山坡山谷里，而不适于干旱、高温气候和碱性土壤。宜在沙壤土或林下腐殖土以及 pH 为 5.5 ～ 7.0 的土壤中栽植，也可以盆栽。疏林阴坡下长势良好，能耐 -30℃ 的低温。

◆ 培育技术

木兰属植物既可通过播种繁殖，也可通过扦插、嫁接、压条等方法进行营养繁殖。不同种类有所差异，例如：上述方法均可有效繁殖玉兰，但天女木兰采用扦插繁殖方法育苗效果不佳，生根率也不高，采用压条的繁殖方式效果较好。

◆ 系统位置

《全球植物名录》（*The Plant List*）列出木兰属植物 20 种。但 APG- Ⅳ（Angiosperm Phylogeny Group Ⅳ）分类系统（由被子植物系统发育研究组建立的被子植物分类系统第 4 版）中将除鹅掌楸属外的其他属都并入广义木兰属，共 225 种。该属植物多为保护植物，如宝华玉兰为国家一级保护植物。

◆ 主要用途

本属植物经济价值大，不少乔木种类材质优良。有些种类的树皮作厚朴或代厚朴药用，花蕾作辛夷药用，是中国的传统中药；多数种类的花色艳丽多姿，色香兼备，是中国传统花卉，如玉兰、紫玉兰等有 20 余种已引种至很多国家或地区，享誉全球。

石 楠

石楠是蔷薇科石楠属常绿灌木或小乔木。又称红树叶、石岩树叶、水红树、山官木、细齿石楠、凿木、猪林子、千年红、扇骨木等。

◆ 分布

石楠主产于中国安徽、甘肃、河南、江苏、陕西、浙江、江西、湖南、湖北、福建、台湾、广东、广西、四川、云南、贵州等地。日本、印度尼西亚也有分布。

◆ 形态特征

石楠高达 12 米左右。冬芽卵形。叶革质，长椭圆形至长倒卵形，基部阔楔形，先端突尖，边缘具细密而尖锐的锯齿，表面深绿色有光泽，幼时中肋上具褐色茸毛，后渐落去，背面黄绿色，被白粉。花序为大型的平阔圆锥状，无毛；花白色。梨果红色，近圆形。花期 4 ~ 5 月，果期 10 月。

◆ 生长习性

石楠喜光稍耐阴，深根性，对土壤要求不严，但以肥沃、湿润、土层深厚、排水良好、微酸性的沙质土壤最为适宜，能耐短期 -15℃ 的低温，喜温暖、湿润气候。萌芽力强，耐修剪，对烟尘和有毒气体有一定的抗性。山谷及沟溪两岸的杂木林中，庭园、村落等地常有栽培。

◆ 培育技术

石楠培育主要有播种繁殖法和扦插繁殖法。

播种繁殖法

石楠果实成熟后，采收后将果实堆放至熟透，捣烂洗净后将种子晾干，沙藏待翌年春季播种。石楠播种育苗地要求选择地势平坦、有灌排设施的沙质壤土作为育苗基地，育苗基地选好后进行翻耕深 25 厘米左右，然后进行整地细耙，拾净石块和残根，破碎土块，再拉线做畦，畦宽 120 ～ 130 厘米，畦高约 20 厘米，起沟平畦，做到两耕两耙，畦田质量要求整地深度达 25 厘米；地边角落整齐，苗床平整，畦边打实。将上年沙藏的种子，经精选晒 1 ～ 2 天，然后用 55 ～ 66℃ 热水浸种 24 小时，取出后催芽至种芽露白即可播种。石楠播种期一般在 3 月初，采用横条播的方法。行距 50 ～ 60 厘米，播幅 10 厘米，随播种随浇水，浅覆干细土约 1.5 厘米厚，并在播种行上覆盖湿稻草，保湿促进出苗，一般播种后 10 ～ 15 天即可出苗。

出苗后的管理包括：①揭去覆草。出苗后应逐渐揭除床面覆草，开始揭下的覆草应放于条播行间，以防春旱或冻害，待天气转暖，气温稳定或树苗老健后再彻底清除覆草，揭草时应防止损伤树苗。②分次间苗。在苗床清除覆草后即可进行分次间苗，将幼苗稠密处抽稀并补植到缺苗处。间苗可促进幼苗均匀分布，发育正常。间苗可分次进行，一般每隔 5 ～ 7 天间苗 1 次。如遇干旱或害虫时可适当推迟间苗，间苗应选在阴天雨后土壤较为疏松潮湿时进行，间苗后应及时喷水 1 次。间苗应当留壮去劣，疏密适宜，以幼苗冠恰好相互衔接遮住苗床为宜。

土肥水管理主要包括：①抓好培土。幼苗出土后，由于雨水冲淋表土，会使根茎裸露，导致幼苗遭受旱害或土壤病菌危害，通过培土可以避免。培土可选用黄土或草木灰，培土时间宜选 5 ～ 8 月，分 2 ～ 3 次进行，培土厚度以 1.5 厘米左右为宜。培土要求覆土均匀，不损伤幼苗植株。②中耕除草。苗床除草应以拔草为主，坚持"拔早、拔小"的原则，切忌苗圃地发生荒草现象。拔草时不能移动苗木根系，以免拔伤幼苗。③肥水管理。幼苗出土后要加强肥水管理，从幼苗根系形成至冬季苗木停止生长前 15 天，均可以追肥，追肥应视幼苗生长情况分次、分期进行。夏季高温干旱时宜在傍晚追肥，以浇施稀的有机肥为好。避免追肥太浓、太勤而烧伤苗木根系。

扦插繁殖法

一般在雨季进行，选当年生粗壮的半成熟枝条，剪成 12～15 厘米长，上部留叶 2～3 片，扦插深度为插条长度的 2/3。插后及时遮阴并浇透水，促进成活。

◆ **主要用途**

石楠具有观赏、药用价值，是常见的观花、观叶、观果树种。种子油可供制油漆、肥皂或润滑油用。

二球悬铃木

二球悬铃木是悬铃木科悬铃木属落叶大乔木。为三球悬铃木与一球悬铃木杂交种，因躯干高大，树荫浓密而闻名，为广泛栽植的绿化树种。

◆ **分布**

二球悬铃木原产于欧洲，现广植于全世界。

◆ **形态特征**

二球悬铃木高可达 35 米，枝条开展，树冠广阔；树皮灰绿色，不规则剥落，剥落后呈粉绿色，光滑。叶轮廓五角形，长 9～15 厘米，宽 9 ～ 17 厘米，3 ～ 5 裂近中部，裂片边缘疏生牙齿，幼时密生星状短柔毛，后变无毛。花序球形，通常两个生一串上；花单性，雌雄同株；萼片小；花瓣较大，匙形，与萼片同数；雄花约有 4 个雄蕊，花丝极短；雌花约有 6 个心皮，花柱长。聚花果；坚果长约 9 毫米，基部有长毛。

◆ **生长习性**

二球悬铃木喜光，喜湿润温暖气候，较耐寒。适生于微酸性或中性、排水良好的土壤，微碱性土壤虽能生长，但易发生黄化。根系分布较浅，台风时易受害而倒斜。抗空气污染能力较强，叶片具吸收有毒气体和滞积灰尘的作用。本种树干高大，枝叶茂盛，生长迅速，易成活，耐修剪，所以广泛栽植作行道绿化树种，也为速生材树种。

◆ **培育技术**

二球悬铃木繁殖方法主要有播种繁育法和扦插育苗法。

悬铃木破腹病又称烂肚子病，是危害悬铃木主干的一种多发病和常见病，影响植株生长，有碍观赏。其防治方法为：秋季控制浇水量，应尽量少浇水。秋末或初冬应对悬铃木涂白，涂白剂中可适量加入食盐。在气温稳定后，用经消毒的利刀彻底清理病灶，然后用硫黄粉涂抹，用塑料布捆扎。

◆ **主要用途**

二球悬铃木是常见的观叶、观果行道树种。悬铃木属植物有一定的药用价值，其树皮在印度曾作为传统民间药用来治疗痢疾、腹泻、牙痛和肿瘤，但并未纳入药典。药理实验证实，悬铃木属植物所含的黄酮类、三萜类等成分具有一定的生理活性，可用于抗肿瘤、消炎、杀菌、抗氧化、消除自由基及增强免疫能力。

木　瓜

木瓜是蔷薇科苹果亚科木瓜属多年生落叶灌木或小乔木。又称海棠、木李、楔楂、木瓜海棠。

◆ 分布

木瓜主产于中国山东、陕西、湖北、江西、安徽、江苏、浙江、广东、广西等地。是中国特有的古老果树之一。

◆ 形态特征

木瓜枝无刺；小枝幼时有柔毛，不久即脱落，紫红色或紫褐色。叶椭圆状卵形或椭圆状矩圆形，稀倒卵形，边缘带刺芒状尖锐锯齿，齿尖有腺，幼时有绒毛；叶柄微生柔毛，有腺体。花单生叶腋，花梗短粗，无毛；花淡粉色后于叶开放；萼筒钟状，外面无毛；雄蕊多数；花柱 3～5，基部合生，有柔毛。梨果长椭圆形，长 10～15 厘米，暗黄色，木质，芳香，5 室，每室种子多数，果梗短。

◆ 生长习性

木瓜耐旱耐瘠，对土壤要求不严，在山区适应性强，适于坡地栽培，因而也常被选为优良的退耕还林树种。木瓜虽适应性强，但喜温暖湿润气候。

◆ 培育技术

栽培管理

人工栽培木瓜，若以获得高产为主，应选温暖向阳、肥沃湿润、疏松沥水的山脚坡地种植最好；若以退耕还林为主，可适当放宽条件。木瓜育苗采取种子繁殖或扦插繁殖均可。①种子繁殖。应选上年新种，一般在春季 3 ～ 4 月播种，播种后盖草保墒，40 ～ 50 天出苗，出苗后加强追肥除草管理，在苗圃中培养 2 ～ 3 年，

木瓜

待苗高 1 米以上时再出圃。②扦插繁殖。一般在 2 ～ 3 月木瓜枝条萌动前，剪取健壮充实的 1 年生枝条，截成 20 厘米左右的插条，斜插入备好的插床中，覆盖遮阳网后经常喷水保湿，待长出新根后再移至苗圃地中，培养 2 年出圃。

木瓜建园

最好在头年秋季按照规划设计打窝，窝距 2 米左右，窝直径与高度应在 80 厘米以上，然后将窝周围肥沃疏松的熟土拌过磷酸钙（每窝 0.5 千克）回填窝内。窝内挖出的生土堆于窝周围，利用冬季冻融交替促其熟化。定植最好在春季枝条萌动时进行，每穴栽苗 1 ～ 2 株。

苗栽入窝内要求根系舒展，根部用细土盖严，踩实，然后浇足水，待水渗后，再回填新土封窝。木瓜定植后，若有条件最好随即在树盘喷封闭型化学除草剂，然后覆盖地膜保温保墒，可显著减少除草用工，提高成活率，加快木瓜生长，也可在春季对树盘进行中耕、除草。木瓜定植头两年，冬季可在行间套种矮生豌豆，夏季可套种黄豆、绿豆，也可套种多年生小药材，如柴胡、留兰香等。木瓜栽后春秋两季应在树盘追肥或叶面喷肥，促进植株生长健壮。定植初 2 ～ 3 年，入冬前还应结合

追施肥，进行培土防寒。待根扎入土壤深层后，抗寒能力增强，不必再每年培土。

木瓜修剪一般在冬季至早春树木休眠季节进行，主要剪去枯枝、病枝、衰老枝及过密枝，使整个树形内空外圆，以利多开花、多结果。若树龄衰老，需砍去老树，更新复壮。

木瓜在良好的栽培条件下，3～5年即可开花结果，每年7～8月当果实皮由青转黄时抢晴采收。采回的鲜果若做药用，对半剖开后投沸水中煮5～10分钟或蒸10分钟，然后放竹帘晒干。

◆ **主要用途**

木瓜含有皂苷、黄酮类、鞣质、有机酸、果胶及过氧化物酶、过氧化氢酶、酚氧化酶、氧化酶等成分。由于木瓜最突出的特点是富含齐墩果酸等有机酸，其加工品不需添加防腐剂、柠檬酸、香精、色素，是风味独特的纯天然食品。木瓜以"百益之果"著称。木瓜含天然果酸和木瓜蛋白酶，具有养颜白肤功效。以木瓜为原料制作的木瓜白肤香皂、润手皂、木瓜白肤洗面奶、木瓜白肤沐浴露、木瓜白肤护手霜、木瓜白肤润肤霜、木瓜白肤养颜霜等日用品，深受消费者喜爱。木瓜还是园林绿化的优良树种。

木　樨

木樨是木樨科木樨属常绿灌木或小乔木。为中国著名的香料植物和园林观赏植物。又称桂花。

◆ **名称来源**

该属于 1790 年由葡萄牙植物学家和传教士 J. 洛雷罗建立，属名 *Osmanthus* 中"*osme*"意为香味，"*anthos*"意为花，指花芳香。

◆ **分布**

木樨分布于亚洲东南部和美洲。中国是木樨的现代分布中心，主产南部和西南地区。

◆ **形态特征**

木樨叶对生，单叶，叶片厚革质或薄革质，全缘或具锯齿。雄花、两性花异株，聚伞花序簇生于叶腋，或再组成腋生或顶生的短小圆锥花序；花萼钟状，4 裂；花冠白色或黄白色，少数栽培品种为橘红色，呈钟状，圆柱形或坛状；雄蕊常 2 枚；柱头头状或 2 浅裂，不育雌蕊呈钻状或圆锥状。果为核果，椭圆形或歪斜椭圆形，内果皮坚硬或骨质，常具种子 1 枚。

◆ **生长习性**

木樨适应于亚热带气候，喜温暖、湿润，不耐寒。适宜生长气温是 15 ~ 28℃。湿度要求年平均 75% ~ 85%，年降水量 1000 毫米左右，特别是幼龄期和成年树开花时需要水分较多，遇到干旱会影响开花，强日照和隐蔽对其生长不利。适宜在土层深厚、排水良好、肥沃、富含腐殖质的偏酸性沙质壤土中生长。

◆ **培育技术**

木樨的育苗方法有播种、扦插、压条、嫁接、分株、组培等，以播种和扦插为主。

◆ **系统位置**

参照 APG-Ⅳ分类系统，本属约 30 种，与木樨榄属、流苏属等近缘。该属植物中有 18 种为中国特产，且多为芳香植物，具有重要开发利用潜力，需加强种质资源保护。

◆ **主要用途**

本属植物的花都具有芳香味，具有重要香料和园林观赏用途。

油　杉

油杉是裸子植物松目松科油杉属的一种常绿乔木。

◆ **分布**

本种是中国特有的第三纪残遗种，与其他种相比，其分布相对较广，主要分布于东南部气候湿润的暖温带到亚热带地区，如福建南部、贵州、湖南南部、江西、云南、广东、广西南部丘陵地带，海拔 380～1200 米。由于人为影响，现已极少有成片森林。

◆ **形态特征**

油杉高达 30 米。树皮粗糙，暗灰色，纵裂，较松软。枝条开展，树冠塔形。一年生的枝红褐色，无毛或有毛；2～3 年生的枝淡黄灰色或淡黄褐色。叶条形，螺旋排列，长 1.2～3 厘米，宽 2～4 毫米，

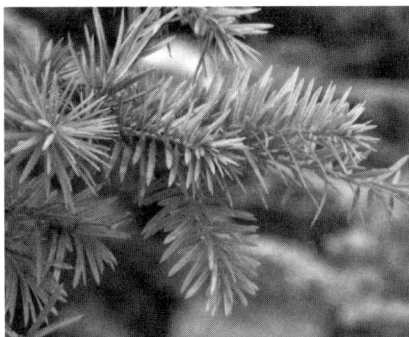

油杉叶

在侧枝上排成 2 列；叶下面有 2 条微被白粉的气孔带；叶中脉两面隆起。雌雄同株，雄球花簇生于枝顶或叶腋，雌球花单生于侧枝顶端，苞鳞上部三裂。球果圆柱形，直立，成熟前绿色或淡绿色，微有白粉，成熟时淡褐色或淡栗色，长 6 ～ 18 厘米，直径 5 ～ 6.5 厘米；中部的种鳞宽圆形或上部宽圆下部宽楔形，长 2.5 ～ 3.2 厘米，宽 2.7 ～ 3.3 厘米，上部宽圆或近平截，稀中央微凹，边缘向内反曲，鳞背露出部分无毛；鳞苞中部窄，下部稍宽，上部卵圆形，先端三裂，中裂窄长，侧裂稍圆，有钝尖头；种翅中上部较宽，下部渐窄。花期 3 ～ 4 月，球果 10 ～ 11 月成熟。

◆ 分类地位

英文版《中国植物志》（*Flora of China*）收录了 3 个变种，即油杉原变种、江南油杉和矩鳞油杉。截至 2021 年，油杉属物种的种间关系仍未得到解决，但油杉作为一个物种在各分类系统中均得到广泛认可。

◆ 主要用途

油杉木材纹理直、有光泽、耐水湿，是造船和家具等的优良树材，亦可作为亚热带地区海拔 500 米以下沿海低山丘陵地的造林树种。

黄 杉

黄杉是裸子植物松目松科黄杉属的一种。

◆ 分布

黄杉主要分布于中国大陆中部和西南地区（云南、四川、贵州、湖北西部、广西西部等）以及台湾岛等亚热带中低海拔地带（600 ～ 3300

米），呈间断式残遗分布。在云南西北部的分布海拔最高。

◆ **形态特征**

黄杉雌雄同株，雄球花腋生，圆柱形，雌球花顶生，由多数螺旋排列的苞鳞和珠鳞组成，珠鳞显著。在自然生长状况下，13～14年生的黄杉就开始开花结果，而在栽培条件好的地方，8年生即可开花。在自然条件下，黄杉及澜沧黄杉的开花和结果物候在各分布点差异不大，花期集中在4～5月，大约10月种子成熟。种子成熟后种鳞张开，带翅的种子脱离果球，借助风力进行传播，果球宿存至次年而不脱落。

◆ **分类地位**

黄杉仍存在很多分类学问题，其单系性需要进一步研究。英文版《中国植物志》（*Flora of China*）中认为黄杉有2个变种，即原变种和台湾黄杉，将澜沧黄杉和短叶黄杉处理为2个独立的种，但A.法尔容（2010）认为各种间缺少稳定可靠的形态差异，因此把分布在中国的所有黄杉归并为一个种，即黄杉；并将短叶黄杉、华东黄杉和台湾黄杉处理为其变种，将澜沧黄杉处理为黄杉的异名。早期基于细胞质基因和单个核基因的分子系统学研究发现台湾黄杉可能为杂交起源，澜沧黄杉（或其祖先）和黄杉—日本黄杉的祖先可能参与了该过程。由于系统树分辨率较低，该结果仍有待于进一步验证。

◆ **主要用途**

黄杉材质坚硬，树干通直，耐久用，是优质木材的珍贵树种。由于遭受大量砍伐，加之种子发芽率低，使黄杉数量大大减少，《世界自然保护联盟濒危物种红色名录》（2013）将其定为易危（VU）等级，需加以重点保护。

马尾松

马尾松是裸子植物松目松科松属的一种常绿乔木。

马尾松分布于中国东南部、河南、陕西、长江中下游各地区，南达福建、广西、广东、台湾，西至四川，西南至贵州和云南等地。平原和山区均有分布，一般生长于中低海拔地区，很少超过2000米。

马尾松高可达45米，胸径可达1.5米，树冠宽塔形。针叶，2针一束，暗绿色，细柔，稍扭曲，长12～20厘米，横切面可见4～7个边生的树脂道，中央具2条维管束。叶鞘宿存，长1.5～2厘米。雌雄同株，球花单性，雄球花圆柱形，多个聚生于新长枝基部；雌球花单生或2～4个生于新枝顶端。4～5月开花。球果卵圆形或圆锥状卵形，长4～7厘米，直径2.5～4厘米，球果翌年10～12月成熟，成熟时褐色。种鳞的鳞脐微凹，无刺尖。种子长卵圆形，长4～6毫米，具10～15毫米长翅。

马尾松叶

马尾松属于松属松亚属，与黄山松的关系近缘，两者存在天然杂交群体。马尾松有3个变种，包括马尾松原变种、雅加松和沙黄松。

马尾松喜光和温暖湿润气候，也能生于干旱瘠薄的红壤和石砾沙质土，为荒山恢复森林的先锋树种。木材可作建筑、枕木、家具和木纤维工业的原料，树干可提取松脂，树皮可制取栲胶。为中国长江以南重要的荒山造林树种。

白豆杉

白豆杉是裸子植物柏目红豆杉科白豆杉属的一种常绿灌木或小乔木。白豆杉是中国稀有树种。星散分布于浙江、江西、湖南、广西和广东海拔 900 ～ 1400 米陡坡深谷密林下或悬岩上。

白豆杉高可达 4 米；枝条轮生，小枝近对生或近轮生，基部扭转成二列，线形，直或微弯，长 1.5 ～ 2.6 厘米，宽 2.4 ～ 4.5 毫米，先端骤尖，基部近圆形，下延生长，具短柄，两面中脉隆起，上面光绿色，下面有 2 条白色气孔带，横切面上无树脂道。雌雄异株，球花单生叶腋；雄球花近球形，基部有 4 对交互对生的苞片，雄蕊 6 ～ 12，对生，基部有苞片，花药 4 ～ 6，辐射排列，花丝短；雌球花有 4 列交互对生的苞片，每列 3 ～ 4 枚，顶端 1 枚苞腋有 1 直立胚珠，着生于盘状珠被上。种子坚果状，卵圆形，稍扁，长 5 ～ 7 毫米，着生于肉质、白色、杯状的假种皮中，基部有宿存苞片，具短梗或几无梗。

白豆杉为白豆杉属唯一物种，与红豆杉属亲缘关系较近。

白豆杉分布星散，个体稀少，又是雌雄异株，生长于林下的雌株往往不能正常授粉，天然更新困难。加之植被破坏，生境恶化，导致分布区逐渐缩小，资源日趋枯竭。属中国国家二级保护野生植物。本种分布的浙江凤阳山、九龙山、江西井冈山、湖南张家界等已建立自然保护区和森林公园。杭州植物园、凤阳山自然保护区已引种和繁殖栽培。

白豆杉适合中国长江流域植物园、公园栽植。因喜荫蔽的环境，可与常绿阔叶树混合种植。北方温室盆栽生长良好。经修剪可成各种形状，亦可供制作树桩盆景用植物材料。

巨 杉

巨杉是裸子植物柏目柏科巨杉属的一种常绿巨乔木。为巨杉属唯一物种。

◆ 分布

分布于美国加利福尼亚州内华达山脉西部长约 420 千米、海拔 1400 ～ 2150 米的狭小范围。除少数群体分布于优胜美地国家公园及以北之地区外，大多数分布于巨杉与国王峡谷国家公园及其邻近区域。中国杭州有引种栽培。

◆ 形态特征

巨杉高可超过 90 米，胸径达 11 米，是地球上最庞大且尚存活着的生物。树冠圆锥形，幼时单轴，成年后稍圆。树皮褐色，海绵状，深纵裂，厚达 60 厘米。冬芽小，无芽鳞。小枝初现绿色，后变淡褐色。叶鳞状钻形，螺旋状排列，下部贴生小枝，上部分离，分离部分

巨杉球果

长 3 ～ 6 毫米，先端锐尖，两面有气孔。雌雄同株，雄球花近球形至卵形，长 4 ～ 8 毫米，球果椭圆形，长 4 ～ 9 厘米，种鳞盾形，高约 2.5 厘米，上部宽 0.6 ～ 1 厘米，顶部有凹槽，幼时中央有刺尖。球果次年成熟。种子淡褐色，长 3 ～ 6 毫米，两侧有翅。子叶 4（3 ～ 5）。

巨杉与北美红杉属植物相似，但北美红杉属冬芽裸露，叶鳞状钻形，辐射伸展，不排成两列；球果两年成熟，种鳞数目较多（25 ～ 45），胚有 4（3 ～ 5）枚子叶，可作为鉴别特征。

◆ **分类系统**

形态和分子系统学证据均支持巨杉与产于中国的水杉属和同产于美国加利福尼亚州的北美红杉属亲缘关系最近。

◆ **濒危等级**

巨杉被世界自然保护联盟（International Union for Conservation of Nature; IUCN）列为濒危物种（EN）。

巨杉是世界上体积最大、寿命最长的树。最大的巨杉生长在美国加利福尼亚州巨杉与国王峡谷国家公园里，被称为"谢尔曼将军"，树高 83 米，树围 31 米，20 个人手拉手才能合抱住，年龄大约有 3500 多岁。位居第二的叫"格兰特将军"，第三名是"蒲尔"，第四名是"哈特"，第五名是优胜美地国家公园的一株巨杉，其准确年龄是 2700 岁，虽已属高龄，但仍能结球、产籽。科学家们研究认为巨杉长得如此巨大而又长寿的原因有：①根系发达。②树皮很厚。③地理环境优越。④抗灾能力突出，不怕烧，不易引起森林火灾。⑤人为保护好。1864 年，美国政府即宣布巨杉所在地为国有禁伐区。

◆ 发现和命名

巨杉在北美当地印第安部落中非常有名，土著们称之为"wawona""toos-pung-ish"或"hea-mi-withi"。在欧洲，巨杉第一次被提及是在1833年探险家J.K.伦纳德的日记中。第二个看到巨杉的欧洲人是J.M.伍斯特。1852年，A.T.多德使得公众对巨杉更加了解，他发现的巨杉被命名为"发现树"，但在1853年被砍伐。

巨杉的命名过程非常坎坷，中间经历了约80年。1853年英国植物学家J.林德利首次对巨杉进行了命名，但因属名已被使用而使命名无效。第二年，法国植物学家J.德凯纳再次给巨杉命名，但此属名已经是北美红杉的拉丁学名，因而仍然无效。温斯洛于1854年再次为其命名，因属名已被使用而仍然无效。1907年，C.E.O.孔茨将其置入一个化石属，但因为无法确认巨杉与化石属的亲缘关系，导致该属名仍然无效。直至1939年，J.布克霍尔斯指出巨杉和北美红杉属于不同的属，将之命名为 *Sequoiadendron giganteum*，巨杉的拉丁学名这才确定下来。

◆ 主要用途

巨杉枕木、电线杆和建筑上的良好材料。木材不易着火，有防火的作用。巨杉为世界著名的树种之一，可作为园景树。

金　松

金松是裸子植物柏目金松科金松属唯一种。

金松只分布于日本本州岛南部、四国岛和九州岛海拔500～1000米的区域，是当地的特有种，已被引种到世界各地。中国青岛、庐山、南京、上海、杭州、武汉等地也有引种。金松是一种孑遗植物，化石在 2.3 亿年前就已经存在，现代几乎没有与它亲缘关系非常相近的植物，是一种珍贵的观赏植物。

金松为常绿乔木，高达 20～30（35）米，胸径可达 1 米。树皮红褐色，小枝棕黄色，无毛，具有长短枝。芽卵形，3～4 毫米。具二型叶：一种散生于嫩枝上，呈鳞片状，称鳞状叶，鳞状叶三角形，脱落性，长 1～3 毫米，基部绿色，上部膜质、红褐色，先端钝，第二年变成褐色；另一种聚簇枝梢，呈轮生状，每轮 10～30，针叶呈扁平条状，长 3～13 厘米，宽 2～3 毫米，厚 1 毫米，上面亮绿色，下面淡绿色，两侧各有一条白色气孔线，上下两面均有沟槽，称完全叶，实际含有茎的组织。雌雄同株，雄球花约 30 个聚生枝端，呈圆锥花序，黄褐色，雄蕊多数，螺旋状着生；雌球花长椭圆形，单生枝顶。雌球果卵圆形，幼时绿色，珠鳞螺旋状排列，内有胚珠 5～9 枚，苞鳞半合生于珠鳞背面，先端离生；球果 18～20 个月成熟，成熟后深棕色，裂开后长 4.5～10 厘米，宽 3.5～6.5 厘米；球果有短梗，木质，每个球果含可育种鳞 15～40 枚，种鳞长 2～3 厘米，宽 2～3.5 厘米；种子扁，棕黄色，长 8～12 毫米，有狭翅；子叶 2 枚。

分子系统学研究显示，金松科与柏科、三尖杉科和红豆杉科亲缘关系较近。

金松为世界五大公园树种之一，是名贵的观赏树种，又是著名的防火树，日本常于防火道旁列植为防火带。中国引入栽培作庭园树，木材可供建筑。

红豆杉

红豆杉是裸子植物柏目红豆杉科红豆杉属的一种灌木或乔木。

◆ 分布

红豆杉是中国特有种，分布于四川、重庆、甘肃南部、陕西南部、湖北西部、湖南西北部，集中分布于四川盆地周边的山地森林中，如横断山中北部东缘、大巴山、巫山等。

◆ 形态特征

红豆杉高达 20 米，胸径可达 1 米。树皮薄，红褐色、紫褐色或灰褐色，裂成条状或不规则片状脱落。带叶小枝细长，圆柱状，不规则互生，叶基下延处有细槽。叶芽小，芽鳞三角状卵形，仅少数芽鳞在新枝基部宿存。叶在小枝上螺旋状着生，基部多扭转排成二列，有短柄或近无柄，与小枝的夹角为 70°～90°，排列较密；叶条形，直或微弯，长（1.0～）1.5～2.2（～3.2）厘米，宽（1.9～）2.3～3.1（～4.1）毫米，叶缘常平行，不外卷，上部微渐窄，先端常急尖，厚革质。叶近轴面中脉凸起，深绿色，有光泽；叶片远轴面中脉有密生的乳头状突起，中脉与叶缘带颜色相似，无光泽，叶下面黄绿色，有两条黄绿色气孔带，气孔在气孔带上密集分布，通常有气孔（9～）

红豆杉的花

12 ～ 15 列。雄球花叶腋单生，卵形，具短梗，小孢子叶（雄蕊）8 ～ 14
枚，具 4 ～ 8（多为 4 ～ 6）个花粉囊。大孢子叶球腋生，单生或成对。
假种皮初为绿色，覆盖种子的下半部，成熟时在较短时间内发育成杯状
肉质红色或橘色假种皮。种子卵圆形，稍扁，上部常具二钝棱脊，先端
有突起的短尖头，长 5 ～ 7 毫米，径 3.5 ～ 5 毫米，成熟时呈褐色。

◆ **分类系统**

英文版《中国植物志》（*Flora of China*）将本种作为须弥红豆杉的
一个变种。M. 莫勒等（2007）基于馆藏标本形态性状的统计分析，支
持将红豆杉提升为种，也得到了后来 DNA 条形码证据的支持。A. 法尔
容（2010）在对全球裸子植物进行修订时，将本种提升为种，并认为本
种除分布于中国外，还分布于越南北部。研究表明，分布于越南北部及
中国云南东南部和贵州西南部及东北部的红豆杉是一个在石灰山地区特
化的新种，已被命名为灰岩红豆杉。在四川盆地西侧的红豆杉居群，由
于同其自然杂交种峨眉红豆杉和南方红豆杉在某些地方同域分布（3 个
物种常生长于不同的海拔，分别占有不同的生态位），种间基因流的发
生导致本种很多个体的形态特征存在较大的变异。

◆ **保护现状**

法尔容（2010）认为本种分布广而且能自然更新，大树被砍伐事
件的数量在下降，中国很多地方都在栽培，将本种的保护级别定为无危
（IUCN：LC）。实际上，本种的分布区并不大，局限分布于四川盆地
周边的山地及安徽南部和江西东部的高海拔的崖壁上，自然种群小，多
呈零散分布，且面临人为破坏和环境变化的双重威胁，受威胁程度较为

严重。中国已将该种列为国家一级重点保护野生物种，也被列入《濒危野生动植物种国际贸易公约》附录Ⅱ中。红豆杉也是提取抗癌药物紫杉醇的重要原料植物，野生资源时常遭到砍伐或破坏，而且其自然更新弱，保护形势较为严峻。中国虽然有多个地方人工繁育和栽培红豆杉属其他种植物。

◆ **主要用途**

红豆杉材质结构细、纹理直、坚实耐用，可供建筑、农具和文具等用材，也可作为观赏栽培植物。红豆杉属植物含有紫杉烷，可用于生产抗癌药物紫杉醇。

金粟兰

金粟兰是被子植物基部类群金粟兰目金粟兰科金粟兰属的一种常绿半灌木。又称珠兰。名出《周之玙树艺书》。

金粟兰分布于中国云南、贵州、四川、福建、广东等省，日本和泰国也有分布。金粟兰生于海拔 200 ～ 1000 米的林中。

金粟兰

金粟兰单叶，对生，椭圆形或倒卵状椭圆形，边缘有圆齿状锯齿。叶柄基部微合生，托叶微小，穗状圆锥花序。花小，两性，无花被，黄绿色，极芳香，无梗。雄蕊3，药融合生成一卵状体，中央裂片较大，花药2室，两侧花药1室。雌蕊心皮 1，子房下位，1 室，含 1 枚下垂胚珠。小核果倒卵形。花期 4 ～ 7 月，果期 8 ～ 9 月。

金粟兰的花和根状茎可提取芳香油。鲜花用来制茶，称珠兰茶。

榕　树

榕树是被子植物真双子叶植物蔷薇目桑科榕属的一种大乔木。榕树高大，树荫宽广，树下可容多人纳凉，因此得名。

榕树分布于中国台湾、浙江南部及福建、广东、广西、湖北、贵州、云南等地区。斯里兰卡、印度、缅甸、泰国、越南、马来西亚、菲律宾、日本（琉球、九州）、巴布亚新几内亚和澳大利亚北部、东部直至加罗林群岛也有分布。

榕树高达 15 ～ 25 米，胸径达 50 厘米，冠幅广展；老树常有锈褐色气根。树皮深灰色。叶薄革质，狭椭圆形，长 4 ～ 8 厘米，宽 3 ～ 4 厘米，先端钝尖，基部楔形，表面深绿色，干后深褐色，有光泽，全缘，基生叶脉延长，侧脉 3 ～ 10 对；叶柄长 5 ～ 10 毫米，无毛；托叶小，披针形，长约 8 毫米。榕果成对腋生或生于已落叶枝叶腋，成熟时黄或微红色，扁球形，直径 6 ～ 8 毫米，无总梗，基生苞片 3，广卵形，宿存；雄花、雌花、瘿花同生于一榕果内，花间有少许

榕树的果枝

短刚毛；雄花无柄或具柄，散生内壁，花丝与花药等长；雌花与瘿花相似，花被片 3，广卵形，花柱近侧生，柱头短，棒形。瘦果卵圆形。花期 5 ～ 6 月。

榕树枝叶茂密、树冠开阔广大，华南地区多作行道树及庭荫树栽培，福建福州又称"榕城"也来源于此。其枝上丛生如须的气根、下垂着地、入土后生长粗壮如干，形似支柱。支柱根可以为树冠的不断扩展提供支撑，因此较大的榕树还能形成"独木成林"的奇观。利用榕树枝蔓易于造型的特点，还可制作盆景。

朱　槿

朱槿是被子植物真双子叶植物锦葵目锦葵科木槿属的一种常绿灌木。又称扶桑、大红花等。

在西晋时期的《南方草木状》中就已出现朱槿的记载。朱槿原产于中国。在全世界，尤其是热带及亚热带地区多有种植。

朱槿高 1 ～ 3 米。小枝圆柱形，疏被星状柔毛。单叶，互生，叶宽卵形或狭卵形，两面除背面沿脉上有少许疏毛外均无毛，先端渐尖，基部圆形或楔形，边缘具粗齿或缺刻，叶柄长 0.5 ～ 2 厘米，被柔毛，托叶线形，长 5 ～ 12 毫米。花单生于上部叶腋间，常下垂。花梗长 3 ～ 7 厘米，疏被毛，近端有节。小苞片 6 ～ 7，线形，长 8 ～ 15 毫米，基部合生。花萼钟状，长约 2 厘米，被星状柔毛，裂片 5，卵形至披针形。花冠漏斗形，直径 6 ～ 10 厘米，玫瑰红色或淡红色、淡黄色等。花瓣倒卵形，先端圆，外面疏被柔毛。雄蕊柱长 4 ～ 8 厘米，平滑无毛。花柱枝 5。花期全年。蒴果卵形，有喙，无毛，径约 2.5 厘米。

朱槿自古以来就是一种受欢迎的观赏性植物。花大色艳，四季常开，主供园林观赏用。

木　棉

木棉是被子植物真双子叶植物锦葵目锦葵科木棉属的一种落叶大乔木。又称英雄树、攀枝花。名出《本草纲目》。

木棉主要分布在亚洲热带湿润低地森林，多见于河边，常以孤立木出现在分布区北部及西部海拔 50 ～ 1700 米的干旱河谷地区。中国产于云南、四川、贵州、广西、广东、福建、海南、台湾等省（自治区）的热带、亚热带地区及干热河谷。在亚洲的印度、巴基斯坦、尼泊尔、不丹、斯里兰卡、马来西亚、印度尼西亚、菲律宾和中南半岛，大洋洲的巴布亚新几内亚和澳大利亚北部都有分布。

木棉高 10 ～ 25 米，树干基部密生瘤刺。幼树的树干通常有圆锥状的粗刺，分枝平展。掌状复叶，小叶 5 ～ 7 片，长圆形至长圆状披针形，长 10 ～ 16 厘米，宽 3.5 ～ 5.5 厘米，顶端渐尖，基部阔或渐狭，全缘，两面均无毛，羽状侧脉 15 ～ 17 对，上举，其间有 1 条较细的 2 级侧脉，网脉细密，两面微凸起。叶柄长 10 ～ 20 厘米。小叶柄长 1.5 ～ 4 厘米。托叶小。先花后叶，花单生枝顶叶腋，

木棉花

通常红色，有时橙红色，稀红黄色至淡黄色，直径约 10 厘米。萼杯状或钟状，长 2～3 厘米，外面无毛，内面下部 2/5 密被淡黄色或褐色绢毛，毛可长至花萼裂口下 5 毫米处。萼齿 3～5，半圆形，高 1.5 厘米，宽 2.3 厘米，有时最大一个裂片顶端凹裂。花瓣镊合状排列，肉质，近条形、倒卵状长圆形，长 8～10 厘米，宽 3～4 厘米，两面被星状柔毛，但内面较疏，或仅边缘有疏毛。雄蕊约 60，雄蕊管短，花丝较粗，基部粗，向上渐细。内轮部分花丝上部分 2 叉，中间 10 枚雄蕊较短，不分叉。外轮雄蕊多数，集成 5 束，每束又由 2 枚雄蕊组成的 5 小束组成，较长，中间 1 束包裹子房，由每束 3 雄蕊的 5 小束组成。花柱长于雄蕊，柱头 5，子房被白色丝状毛。蒴果长圆形，钝，长 10～15 厘米，粗 4.5～5 厘米，密被灰白色长柔毛和星状柔毛。种子多数，倒卵形，光滑，成熟时包藏于白色丝状长绵毛中。花期 3～4 月，果夏季成熟。

木棉的雄蕊在有些地方被用作蔬菜，干花可以做茶或汤。种子毛是做枕头的优良材料。有些地方将其用作行道树，木棉是广州市市花。

凤凰木

凤凰木是被子植物真双子叶植物豆目豆科凤凰木属的一种落叶大乔木。

凤凰木原产于非洲马达加斯加，世界各热带、暖亚热带地区广泛引种栽培。中国福建、广东、广西、云南、海南等地区有栽培。

凤凰木高达 20 米。二回偶数羽状复叶，长 20～60 厘米，羽片 30～40 个，每羽片有小叶 40～80 枚；小叶长椭圆形，长 7～8 毫米。

凤凰木花

总状花序顶生或腋生；花大，直径 6～8 厘米；两性花，近两侧对称；萼片 5，基部合生成短筒；花瓣 5，红色，有黄及白色花斑，具长爪，连爪长 3.5～5.5 厘米；雄蕊 10，分离，向下弯、伸出花瓣外，红色；心皮 1，子房上位，1 室，胚珠多数。荚果条形、扁平，木质，下垂，长达 50 厘米，宽约 5 厘米，开裂，多种子；种子横生，矩形。花期 6～7 月，果期 8～10 月。

凤凰木常被作为庭园树和行道树。

桃叶珊瑚

桃叶珊瑚是被子植物真双子叶植物丝缨花目丝缨花科桃叶珊瑚属的一种常绿小乔木或灌木。

桃叶珊瑚名出《汝南圃史》。分布于中国广西、广东、海南、福建和台湾。生于常绿阔叶林中，海拔 1000～2000 米。

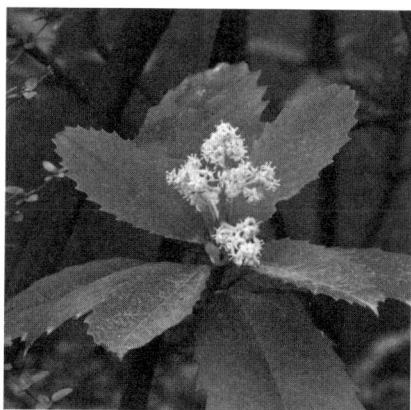

桃叶珊瑚花

桃叶珊瑚高 3～6 米，小枝粗壮，绿色，光滑，叶痕显著，叶厚革质，椭圆形或阔椭圆形，长 10～20 厘米，边缘微反卷，有 5～8

对锯齿，上面深绿色，叶柄长 2 ～ 4 厘米，粗壮。圆锥花序顶生，花单性，雌雄异株。雄花绿色，花萼 4 裂，花瓣 4，雄蕊 4，花药黄色；雌花序较短，花萼和花瓣似雄花，子房圆柱形，花柱粗壮，柱头头状，花盘肉质。核果成熟时呈鲜红色，圆柱形或卵形，种子 1 粒。花期 1 ～ 2 月，果期较长。

桃叶珊瑚具有很好的观赏价值，南方可露地栽培，北方作盆景。繁殖用播种法或用半成熟枝扦插。

珍珠花

珍珠花是被子植物真双子叶植物杜鹃花目杜鹃花科珍珠花属的一种常绿或落叶灌木或小乔木。名出《中国植物志》。

珍珠花生长在海拔 700 ～ 3400 米的山坡灌丛中。分布于中国的陕西、甘肃、福建、广东、广西、湖南、湖北、四川、贵州、云南、西藏。在中南半岛，以及孟加拉国、不丹、尼泊尔、印度、巴基斯坦等地区也有分布。

珍珠花高 1 ～ 4 米，无毛或被短柔毛。单叶，互生，革质，全缘，卵形或椭圆形，长 8 ～ 10 厘米，宽 4 ～ 6 厘米，基部钝或心形。叶柄长 3 ～ 9 毫米，无毛。总状花序腋生，长 5 ～ 20 厘米。花萼 5 深裂，裂片长圆形或三角形。花冠圆筒状，白色，外面密被短柔毛，先端浅 5 裂，裂片长约 1 毫米。雄蕊 10，花丝长 5 ～ 8 毫米，被长柔毛，顶端

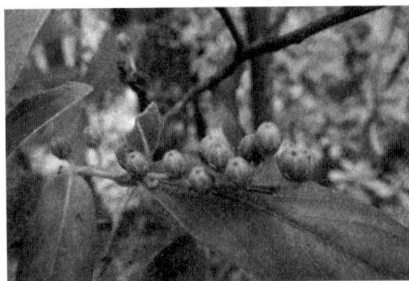

珍珠花蒴果

有 2 芒状附属物。心皮 5，合生，子房上位，5 室，中轴胎座，胚珠多数，柱头头状。蒴果球形，径 4～5 毫米，室背开裂。种子小，短线形，多数，种皮膜质。花期 5～6 月，果期 7～9 月。

珍珠花花序长总状，花色纯白，盛花期花繁叶茂，具有观赏价值。

药用树种

丁公藤

丁公藤是被子植物真双子叶植物茄目旋花科丁公藤属的一种高大木质攀缘藤本植物。俗称包公藤、麻辣子。名出《南齐书·孝义传上·乐颐》。

丁公藤产于中国广东、广西及沿海岛屿，越南北部也有分布。生于山谷湿润密林中或路旁灌丛，常攀缘于树木上。

丁公藤长可达 12 米；小枝明显有棱，不被毛。单叶互生，叶革质，全缘，椭圆形、长圆形或倒卵形，长 5～15 厘米，顶端钝或钝圆，基部楔形，两面无毛，侧脉 4～5 对，在叶面不明显，在背面微突起，至边缘以内网结上举；叶柄长 0.8～1.2 厘米，无毛。聚伞花序腋生和顶生，腋生的花少至多数，顶生的排列成总状，长度均不超过叶长的 1/2，花序轴、花序梗密被淡褐色柔毛；花梗长 4～6 毫米；花

丁公藤的叶

萼球形，萼片5，近圆形，长3毫米，外面被淡褐色柔毛，有缘毛，毛不分叉；花冠浅钟状，外被紧贴的橙色柔毛，白色或金黄色，长1厘米，5深裂，裂片2裂，小裂片长圆形，全缘或浅波状，无齿；雄蕊5，不等长，生于花冠管上，花药与花丝近等长，顶端渐尖，花丝之间有鳞片，子房圆柱形，柱头圆锥状贴着子房，两者近等长。浆果卵状椭圆形，长约1.4厘米，直径约2厘米，含种子1粒。

丁公藤根、茎、小枝入药，有祛风胜湿、舒筋活络的功能。广东用其茎切片做风湿病药酒（冯了性药酒）的原料，有治风湿之效。

木鳖子

木鳖子是被子植物真双子叶植物葫芦目葫芦科苦瓜属的一种粗壮大藤本。名出《开宝本草》。因种子呈龟板状而得名。

木鳖子分布于中国广东、广西、江西、湖南、四川等地区。越南、马来西亚也有分布。生长在山野，也有栽培。

木鳖子花

木鳖子根块状，茎无毛。卷须不分叉。叶柄长5～10厘米，顶端叶片基部有2～4个腺体。叶宽卵形，3～5中裂至深裂，边缘有波状小齿或全缘。花单性，雌雄异株，辐射对称。雄花在花梗顶端生一大型苞片，圆肾形，全缘，花托漏斗状。花萼裂片5，宽披针形。花冠5裂，白色而稍带黄色。

裂片卵状矩圆形，基部有黄色腺体。雄蕊 3。雌花花梗近中部有 1 小型苞片。萼片 5，花冠 5 裂。心皮 3，子房下位，3 室，侧膜胎座。子房密生刺状突起。瓠果卵形，长 12 ～ 15 厘米，生刺状突起。种子卵形，边缘有波状微裂。

木鳖子种子可入药，称土鳖或壳木鳖，有毒，可消肿、攻毒，多外敷。还可榨油，供工业用。

桃金娘

桃金娘是被子植物真双子叶植物桃金娘目桃金娘科桃金娘属的一种小灌木。又称山棯、岗棯。名出《粤志》。

桃金娘分布于中国台湾、福建、广东、广西、云南、贵州、湖南。中南半岛、菲律宾、日本、印度、斯里兰卡、马来西亚及印度尼西亚等地也有分布。生长于红黄壤丘陵，为酸性土指示植物。

桃金娘高 1 ～ 2 米；嫩枝有灰白色柔毛。单叶，对生，革质，椭圆形或倒卵形，先端圆或钝，常微凹入，有时稍尖，基部阔楔形，上面初时有毛，以后变无毛，具离基三出脉，直达先端且相结合，边脉离边缘 3 ～ 4 毫米；具叶柄无托叶。聚伞花序腋生，具 1 ～ 3 花；花两性，具长梗，辐射对称，小苞片 2，卵形；萼筒钟状或倒卵形，有灰茸毛，裂片 5，近圆形，宿存；花瓣 5，紫红色，倒卵形；雄蕊多数，红色；心皮 3，合生，子房下位，3 室，每室有数胚珠；浆果球形或卵状壶形，暗紫色，具宿萼。种子每室 2 列。花期 4 ～ 5 月。

桃金娘全株可药用，有活血通络、收敛止泻、补虚止血的功能；根含酚类、鞣质等，可治慢性痢疾、风湿、肝炎及降血脂等。果可食。

肉豆蔻

　　肉豆蔻是肉豆蔻科肉豆蔻属常绿高大乔木。又称肉果、玉果、顶头果。以其干燥种仁入药，药材名肉豆蔻。也是一种香料植物。

　　肉豆蔻主产于印度尼西亚、马来西亚等东南亚热带地区。中国福建、云南、广东、海南于 20 世纪 50 年代引种，现海南和云南景洪有栽培。

◆ **形态特征**

　　肉豆蔻叶近革质，椭圆形或椭圆状披针形，基部宽楔形或近圆形，两面无毛。雄花序无毛；雌花序较雄花序为长；子房椭圆形，外面密被锈色茸毛，花柱极短，柱头先端 2 裂。果通常单生，具短柄，有时具残存的花被片；假种皮红

肉豆蔻叶

色，至基部撕裂；种子卵珠形。雄树全年有花；雌树在 1 ～ 2 月和 6 ～ 10 月开两次花，4 ～ 6 月和 11 ～ 12 月 2 次结果。

◆ **生长习性**

　　肉豆蔻喜高温、高湿，25 ～ 30℃ 为生长的适宜温度。适宜生长在年降水量在 2000 毫米左右的地区。怕涝怕旱，怕强风。

◆ **繁殖方法**

　　肉豆蔻以种子育苗移栽法繁殖为主，也可用压条、芽接和插条法育苗。

◆ **栽培管理**

肉豆蔻栽培管理要点有：①选地与整地。选择坡度小于 25°的缓坡或沟谷两旁排水方便，土层深厚，保水力强，环境湿润，静风的地块作为定植地。清除地面杂物、杂草，修筑梯田，开挖排灌水沟，平整土地。②田间管理。因幼龄期需要一定的荫蔽，故一般采用间作模式。在高温高湿地区种植肉豆蔻，杂草生长繁茂，需及时除草。种植 1 年内，每年施肥 4 次。进入开花结果后，每年施肥 2 次。旱季需注意浇水保苗，雨季则要及时排积水。及时修枝，剪掉内腔阴枝，可增加结果量。③主要病虫害。育苗期有蚧壳虫类为害芽和叶片，造成芽枯，影响生长。防治方法：干旱季节注意浇水，经常保持土壤和空气湿度；还可采用药剂防治。此外尚有斑点病、疫病和锈病等病害发生，需重点关注。

◆ **采收与加工**

肉豆蔻做果脯系列产品用，在 5～7 月，采收青果。做药用，则在 4～5 月或 9～10 月采收完全成熟的果实。成熟果实，除去果肉，剥取假种皮，用 45℃的温度慢慢烤干。

◆ **主要用途**

药材肉豆蔻味辛，性温。有暖脾胃、止泻行气等功能。治脾胃虚寒、腹痛冷痢，宿食不消、呕吐等症。

吊石苣苔

吊石苣苔是被子植物真双子叶植物唇形目苦苣苔科吊石苣苔属的一种亚灌木。又称石吊兰。

吊石苣苔名出《中国高等植物图鉴》。石吊兰名出《植物名实图考》，因其常生于岩石上，花下垂，形似吊在石上而得名。

吊石苣苔分布于中国云南、广西、广东、福建、浙江、江苏、安徽、江西、湖南、湖北、河南、贵州、四川、重庆、陕西等地。越南、日本也有分布。生于丘陵或山地林中或阴处石崖上或树上，海拔300～2200米。

吊石苣苔茎长达30厘米，不分枝或分枝。叶3枚轮生，有时对生或4枚轮生，有短柄或近无柄。叶片革质，形状变化大，条形、条状披针形、狭卵形、狭长圆形或倒卵状长圆形，长1.5～6厘米，宽0.8～2厘米。边缘在中部以上或上部有少数小齿，有时近全缘；先端急尖或钝，基部狭楔形，两面无毛，侧脉3～5对，叶柄短。花序梗细，无毛，有1～5花，花梗长3～10毫米。花两性，花萼5裂至近基部。花冠白色带淡紫色条纹或淡紫色，长达

吊石苣苔

2.8～5.5厘米，筒部细漏斗状，中下部以上膨大，长达3.5厘米，上唇2浅裂，下唇3裂。雄蕊生于距离花冠基部1～1.5毫米处。退化雄蕊3。花盘环状。雌蕊无毛。蒴果线形，长达4.5～13厘米，无毛。花期7～10月，果期8月至翌年1月。

吊石苣苔全草入药，可治跌打损伤、吐血、咳嗽等症。也是重要的观赏植物。

常　山

　　常山是被子植物真双子叶植物山茱萸目绣球花科常山属的一种灌木。名出《证类本草》。

　　常山生于阴湿林中，海拔 200 ～ 2000 米。分布于中国陕西、甘肃、江苏、安徽、浙江、江西、福建、台湾、湖北、湖南、广东、广西、四川、贵州、云南和西藏。印度、越南、缅甸、马来西亚、印度尼西亚、菲律宾、琉球群岛也有分布。

常山

　　常山高 1 ～ 2 米。叶的形状和大小变异大，常呈椭圆形、倒卵形、椭圆状长圆形或披针形，长 6 ～ 25 厘米，宽 2 ～ 10 厘米，先端渐尖，基部楔形，边缘具锯齿或粗齿，稀波状，两面绿色或一至两面紫色；叶柄长 1.5 ～ 5 厘米，无毛或疏被毛。伞房状圆锥花序顶生，有时叶腋有侧生花序，直径 3 ～ 20 厘米，花蓝色或白色；花蕾倒卵形，盛开时直径 6 ～ 10 毫米；花梗长 3 ～ 5 毫米；花萼倒圆锥形，4 ～ 6 裂；裂片阔三角形，急尖，无毛或被毛；花瓣长圆状椭圆形，稍肉质，花后反折；雄蕊 10 ～ 20 枚，一半与花瓣对生，花丝线形；花柱 4（5 ～ 6），棒状。浆果蓝色，干时黑色。花期 2 ～ 4 月，果期 5 ～ 8 月。

　　常山根、叶含常山碱，有小毒，中医用以祛痰、治疟疾。

第2章
草本植物

食虫植物

捕蝇草

捕蝇草是被子植物真双子叶植物石竹目茅膏菜科捕蝇草属的一种多年生食虫草本植物。

捕蝇草原产于北美东南部，生长在潮湿有泥炭藓生长的湿地。中国有引种栽培。

捕蝇草叶基生，莲座状，分上下两部分，下部为叶柄，具宽翅，上部为叶身，通常圆形，两侧沿中肋向上斜举，边缘密生长齿，两侧上面各有感应力强的刚毛，当昆虫落在叶片上时，触动刚毛，叶片和刚毛立即闭合，将虫包住，直至虫死亡为止，此时叶片内的红色斑点状消化腺将小虫消化吸收。伞房花序，花序梗长；花萼5；花瓣5，白色；雄蕊10，花丝分离；心皮合生，柱头多叉分裂。花期5～7月。蒴果。

捕蝇草为著名食虫植物和观赏植物，植物园多有引种栽培。

茅膏菜

茅膏菜是被子植物真双子叶植物石竹目茅膏菜科茅膏菜属的一种多

年生食虫小草本植物。名出《本草拾遗》。

茅膏菜分布于中国西南、中南及华东。生长在强酸性湿地或阳光充足的荒坡。

茅膏菜高 5 ～ 30 厘米，无毛；鳞茎状球茎紫色，球形，径 7 ～ 10 毫米。基生叶花时枯萎，脱落或宿存；茎生叶稀疏，互生，叶柄细，盾状着生；叶片半月形或半圆形，基部近截平，叶缘密具单一或成对而一长一短的头状黏腺毛，毛顶端膨大，带红紫色，背面无毛；蝎尾状聚伞花序生于枝顶和茎顶，分叉或二歧状分枝，或不分枝，具花 3 ～ 22 朵；花两性，辐射对称；萼片 5，长约 4 毫米，5 ～ 7 裂，裂片大小不一，歪斜、一边具角的披针形或卵形；花瓣 5，白色、淡红色或红色，倒卵形；雄蕊 5；心皮 3，合生，子房上位，近球形，无毛，1 室，侧膜胎座，胚珠多数，花柱 3 ～ 5，稀 6，各 2 深裂，裂条顶部分别为 2 ～ 3 和 3 ～ 5 浅裂；蒴果长 2 ～ 4 毫米，室背开裂；种子细小，椭圆形、卵形或球形，种皮脉纹加厚成蜂房格状。花期 5 ～ 7 月。

茅膏菜全草有毒，球茎称一粒金丹，含蓝雪醌、茅膏菜醌、羟基萘醌等多种成分。可药用，能活血止痛、祛风活络。

茅膏菜用叶面的黏液腺猎取小虫，小虫触即被粘住，腺毛很敏感，当昆虫触及时腺毛即向内和下弯运动，紧压小虫于叶面上，利用自身分泌的酶溶解虫体内蛋白质作为植物养料，消化完毕后腺毛即重新张开。

紫花瓶子草

紫花瓶子草是被子植物真双子叶植物杜鹃花目瓶子草科瓶子草属的

一种多年生低矮食虫草本植物。

紫花瓶子草原产于北美东部大西洋沿岸。生长在沼泽地。中国引种栽培供观赏。

紫花瓶子草具根状茎。叶基生，成瓶状捕虫器，筒状外观似瓶或喇叭，前侧伸出一翅，筒状叶的下部能分泌蜜汁和黏液，内壁光滑，有蜜腺和倒刺毛，当小虫为蜜汁所引诱而落入瓶底就再无法出来，虫被淹死，经消化液消化而被植物吸收。花大，两性，花葶上生单花；萼片5，花瓣5，紫红色；雄蕊多数；心皮3～5，合生，子房上位，3～5室，中轴胎座，胚珠多数，花柱顶端扩大成盾状；花期5～7月。蒴果，室背开裂。

高山捕虫堇

高山捕虫堇是被子植物真双子叶植物管花目狸藻科捕虫堇属的一种多年生草本。名出《云南种子植物名录》。

高山捕虫堇主要生长在阴湿岩壁间或高山杜鹃灌丛下，海拔1800～4500米。广布于中国陕西南部、青海东部、甘肃南部、四川、重庆、贵州北部、湖北西部、云南西北部、西藏南部和东南部。欧洲和亚洲的温带高山地区也有分布。

高山捕虫堇须根多数，粗0.4～1毫米。叶3～13，基生呈莲座状，脆嫩多汁，干时膜质；叶

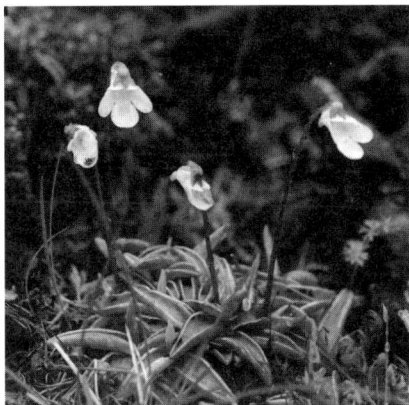

高山捕虫堇

片长椭圆形，长 1 ～ 4.5 厘米，宽 0.5 ～ 1.7 厘米，边缘全缘并内卷，顶端钝形或圆形，基部宽楔形，下延成短柄，上面密生多数具柄腺体和无柄腺体，背面无毛，两面淡绿色，侧脉每侧 5 ～ 7 条。花单生。花梗 1 ～ 5 条，长 2.5 ～ 13 厘米，粗 0.4 ～ 1.2 毫米，上部于结果时增粗，无毛。花萼 2 深裂，无毛；上唇 3 浅裂，裂片卵圆形，花期长 2 ～ 3 毫米，果期长 2.5 ～ 4 毫米，下唇 2 浅裂，裂片卵形，花期长 1 ～ 1.5 毫米，果期长 1.5 ～ 2.5 毫米。花冠长 9 ～ 20 毫米，白色，距淡黄色；上唇 2 裂达中部，裂片宽卵形至近圆形，长 2 ～ 4.5 毫米，宽 2 ～ 4.5 毫米，下唇 3 深裂，中裂片较大，圆形或宽倒卵形，顶端圆形或截形，长 3 ～ 8 毫米，宽 4 ～ 8 毫米，侧裂片宽卵形，长 1.5 ～ 5 毫米，宽 2 ～ 6 毫米，喉部开张，具黄斑；筒漏斗状，长 3 ～ 7 毫米，口直径 5 ～ 10 毫米，外面无毛，内面具白色短柔毛；距圆柱状，长 3 ～ 6 毫米，中部粗 2 ～ 2.5 毫米，顶端圆形。雄蕊无毛；花丝线形，弯曲，长 1.4 ～ 1.6 毫米；药室顶端汇合。雌蕊无毛；子房球形，直径约 1.5 毫米；花柱极短；柱头下唇圆形，宽约 1.8 ～ 2 毫米，边缘流苏状，上唇微小，狭三角形。蒴果卵球形至椭圆球形，长 5 ～ 7 毫米，宽 2.5 ～ 5 毫米，无毛，室背开裂。种子多数，长椭圆形，长 0.6 ～ 0.8 毫米，种皮无毛，具网状突起，网格纵向延长。花期 5 ～ 7 月，果期 7 ～ 9 月。

高山捕虫堇为食虫植物，叶面密被两种腺体。有柄腺体分泌黏液，当小虫被缠住后，叶边缘进一步内卷，包围虫体，此时腺体分泌消化液，1 ～ 2 小时内开始消化小虫。栽培可供观赏。

香　草

姜　黄

姜黄是姜科姜黄属多年生宿根草本植物。又称宝鼎香、黄姜、毛姜黄、川姜黄、广姜黄等。以其干燥根茎入药，药材名姜黄。

姜黄主要分布在中国东南至西南部。姜黄起源于印度，约公元 700 年（唐朝）传入中国。

◆ 形态特征

姜黄根茎成丛，橙黄色，极香；根末端膨大呈块根。叶片长圆形或椭圆形，基部渐狭。花葶由叶鞘内抽出；穗状花序圆柱状；苞片卵形或长圆形，淡绿色，上部无花的较狭，顶端尖，白色，边缘染淡红晕；花萼白色，具不等的钝 3 齿；花冠淡黄色，裂片三角形，后方的 1 片稍大；唇瓣倒卵形，淡黄色，花药无毛，药室基部具 2 角状的距；子房被微毛。花期 8 月。

◆ 生长习性

姜黄喜温暖湿润，阳光充足，雨量充沛的环境。耐旱、耐瘠。适宜中性或微酸性的沙壤土。5 月初出苗，至 9 月下旬达最大。8 月下旬至 10 月上旬形成根状茎，至 12 月下旬达最大。

◆ 繁殖方法

姜黄以根茎繁殖，选母姜作种。

◆ 栽培管理

姜黄适宜海拔 800 米以下的中性或微酸性的沙壤土或黏壤土。耕翻

姜黄田

前应施入基肥，开厢种植。3月上中旬前采挖后就可播种，采用穴播，每穴放种姜1块。齐苗、苗高10厘米后或齐苗1个月后中耕除草。7月中下旬至8月初培土，培土高度8～12厘米。重施基肥，5月中旬重施氮肥，中后期施用钾肥。土层干燥时灌溉或淋水。雨季注意排水。可与玉米间作，一般姜黄栽后可播种玉米或两种作物同时播种。生长期病害少。

◆ 采收与加工

12月下旬至2月中旬选晴天采挖姜黄。烘干后撞去表面粗皮，再用姜黄粉上色，再置于平炕条件下干燥。

◆ 主要用途

药材姜黄味辛、苦，性温。归脾、肝经。具有破血行气，通经止痛功效。用于治疗胸胁刺痛、风湿肩臂疼痛、妇科痛经、上肢风湿痹痛、跌打肿痛、痈疡疮癣等。根茎含姜黄素和挥发油。

药 草

豆瓣绿

豆瓣绿是被子植物基部类群胡椒目胡椒科胡椒属的一种一年生草本植物。名出《植物名实图考》。

豆瓣绿分布于中国甘肃、四川、云南、西藏、贵州、广西、广东、福建、台湾等地区。大洋洲、非洲、美洲及亚洲热带其他地区也有分布。豆瓣绿生长在林下湿地、石上或树干上。

豆瓣绿茎多分枝，基部伏地，下部数节生不定根，节间有粗纵条纹。叶3～4片轮生，肉质，有透明腺点，干时有皱纹，椭圆形至近圆形，形似豆瓣（子叶），

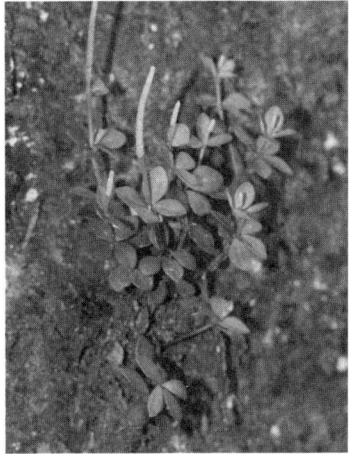

豆瓣绿

主脉3或不明显。叶柄短，有毛。穗状花序单生，长1～4厘米，总花梗较短。苞片近圆形，中央有短柄，盾状。花小，两性，无花被，与苞片同生于花序轴凹陷处。雄蕊2，花丝短。子房1室，1胚珠。柱头头状，不分裂或2裂。浆果极小，矩圆形，长约1毫米。

豆瓣绿全草可入药。内服治风湿性关节炎、支气管炎；外敷治扭伤、骨折、痈疮疖肿等。

白花丹

白花丹是被子植物真双子叶植物石竹目白花丹科白花丹属的一种多年生草本或灌木。

白花丹名出《生草药性备要》。分布于中国云南、四川、贵州、广东、广西、福建、台湾等地区。南亚及东南亚地区也有分布。

白花丹高1～3米，常绿。单叶，互生；叶片卵圆形，长5～8厘米，

白花丹花

宽 2.5 ～ 4 厘米；叶柄基部常伴有半圆形的耳。穗状花序或总状花序顶生或腋生，花序轴具腺毛；苞片近卵圆形，顶端渐尖；小苞片线形。花两性，辐射对称；萼片 5 裂，绿色，具 5 棱，密被腺毛；合瓣花冠成高脚碟状，白色或蓝白色，顶端 5 裂；雄蕊 5，与花瓣对生；心皮 5，合生，子房上位，花柱合生，柱头 5 裂。蒴果黄棕色，膜质，盖裂。种子红棕色。花期 10 月至翌年 3 月，果期 12 月至翌年 4 月。

白花丹根、叶有毒，含白花丹素，可药用，能舒筋活血、明目、祛风、消肿；亦可作为观赏植物，栽培于庭园。

大　蓟

大蓟是被子植物真双子叶植物菊目菊科蓟属的一种多年生草本植物。名出《名医别录》。

大蓟产自中国河北、山东、陕西、江苏、浙江、江西、湖南、湖北、四川、贵州、云南、广西、广东、福建和台湾。朝鲜半岛和日本也有分布。

大蓟有纺锤状块根。茎直立，高可达 1.5 米，枝条具棱，外被多细胞节毛。叶片边缘有硬刺；基生叶卵形或椭圆形，长可达 30 厘米，宽可达 8 厘米，羽状深裂或全裂，基部收缩成具翼的柄；中部以上叶渐小，无柄，叶基部抱茎，羽状深裂。头状花序单生；总苞钟状，多层，长 1.5 ～ 2 厘米，有蛛丝状毛，覆瓦状排列，条状披针形，外层小，顶端有短刺，最内层无刺；花红色或紫色。瘦果长椭圆形，压扁，顶端斜截形，冠毛暗灰色、羽毛状。花果期 4 ～ 11 月。

大蓟根、叶入药，有凉血止血、散瘀消肿的作用。

紫花地丁

紫花地丁是堇菜科堇菜属多年生草本植物。以其干燥全草入药，药材名紫花地丁。

紫花地丁在中国除西藏未见野生外，其余各地区均有分布。日本、朝鲜等国也有分布。

◆ **形态特征**

紫花地丁株高 4 ～ 14 厘米。无地上茎。根状茎短，垂直，淡褐色，节密生。叶多数，基生，莲座状；边缘具较平的圆齿，果期叶片增大；叶柄在花期通常长于叶片 1 ～ 2 倍；托叶膜质，苍白色或淡绿色。花中等大，紫堇色或淡紫色；花瓣倒卵形或长圆状倒卵形，里面有紫色脉纹。蒴果长圆形，无毛。种子卵球形，淡黄色。花果期 4 月中下旬至 9 月。

◆ **生长习性**

紫花地丁野生多见于田间、荒地、山坡草丛、林缘或灌丛中。喜温暖、凉爽气候。对土壤要求不严，但以排水良好的沙壤土、黏壤土生长为好。

◆ **繁殖方法**

紫花地丁可采用种子繁殖和分株

紫花地丁

紫花地丁根系

繁殖方法繁殖。

◆ 栽培管理

紫花地丁栽培管理要点有：①选地与整地。宜选背风向阳、土层深厚的平坦地。结合整地松土，施入农家肥或氮、磷、钾肥等基肥。②田间管理。依据杂草的生长情况确定除草次数和时间。苗期多施氮肥，开花前施磷肥和钾肥，花谢后补充叶面肥。紫花地丁怕积水，花期可多浇水，夏季高温注意喷水降温，雨季注意排水。③病虫害防治。病害主要有叶斑病、锈病和白粉病等，为害害虫主要有红蜘蛛、叶螨和粉虱等。栽种时应及时喷药进行防治。

◆ 采收加工

紫花地丁一般于春、秋二季采收。除去杂质，洗净，切碎，晒干。置干燥处保存。

◆ 主要用途

药材紫花地丁味苦、辛，性寒。归心、肝经。具清热解毒、凉血消肿功效。用于治疗疔疮肿毒，痈疽发背，丹毒，毒蛇咬伤。现代药理研究证明紫花地丁有抑菌、抗病毒、抗炎、抗氧化、抗肿瘤和降脂等作用。含黄酮类、香豆素类、有机酸、酚类、生物碱和皂苷等多种化学成分。

由于紫花地丁返青早、花期长、地面覆盖效果好，也可作为园林绿化植物。

白花败酱

　　白花败酱是被子植物真双子叶植物川续断目忍冬科败酱属的一种二年生或多年生草本植物。名出《中国高等植物图鉴》。

　　白花败酱分布于中国河南、安徽、江苏、湖南、福建、广东等地区。日本也有分布。生于海拔 100 ～ 2000 米的林下、林缘、灌丛、草地及路边。

　　白花败酱高 50 ～ 120 厘米。有根状茎，茎有粗毛，稀无毛。基生叶丛生，莲座状，宽卵形或卵状披针形，长 4 ～ 12 厘米，宽 2 ～ 5 厘米，边有粗锯齿，常有 1 ～ 2 对裂片，两面有粗毛。下部叶叶柄有翅，上部叶无柄。圆锥花序或伞房花序，总苞卵状披针形至线形。花萼较小，被毛；花冠 5 深裂，白色，筒部短，无距。雄蕊 4 枚，伸出花冠。子房下位，3 室，花柱短于雄蕊，柱头头状。瘦果倒卵形，背部有一由小苞片形成的圆翅，顶端圆钝，全缘或轻微 3 裂。花期 8 ～ 10 月，果期 11 ～ 12 月。

　　白花败酱含有 β- 谷甾醇及熊

白花败酱

果酸，为中国的传统中药。其根茎和全草均可入药，具有清热解毒、祛瘀排脓之功效，临床上用于治疗肺痈、痢疾、肠炎及腹痛。

白 薇

　　白薇是被子植物真双子叶植物龙胆目夹竹桃科鹅绒藤属的一种多年生直立草本植物。名出《神农本草经》。

白薇

白薇分布于中国黑龙江、吉林、辽宁、山东、河北、河南、陕西、山西、四川、贵州、云南、广西、广东、湖南、湖北、福建、江西、江苏等地区；西自云南西北经向东北方向，经陕西、河北直到黑龙江，南至约在北回归线以北地区，东至沿海各省均有分布。朝鲜和日本也有分布。生长于海拔 100 ～ 1800 米的河边、干荒地及草丛中，山沟、林下草地常见。

白薇高达 70 厘米。根须根状、有香气。茎密生细柔毛。叶对生，宽卵形或卵状椭圆形，长达 10 厘米，基部圆形，两面有毛。伞形聚伞花序，无总花梗，生上部叶腋，着花 8 ～ 10 朵。花萼裂片 5，披针形，外面有茸毛，内面基部有小腺体 5 个；花冠紫黑色，辐状，外面有短柔毛，并具缘毛，副花冠 5 裂，裂片盾状，圆形，与合蕊柱等长；花药顶端具 1 圆形的膜片，花粉块每药室 1 个，下垂，长圆形；子房上位，柱头扁平。蓇葖果单生，角状，长达 9 厘米，种子卵形，顶端有白色绢毛。花期 5 ～ 7 月，果期 6 ～ 9 月。

白薇根及部分根茎药用，有除虚烦、清热散肿、生肌止痛之功效，可治产后虚烦呕逆、小便淋沥、肾炎、尿路感染、水肿、支气管炎和风湿性腰腿痛等。

猫耳朵

　　猫耳朵是被子植物真双子叶植物唇形目苦苣苔科旋蒴苣苔属的一种多年生草本植物。又称牛耳草、旋蒴苣苔。猫耳朵名出《中国高等植物图鉴》，牛耳草名出《植物名实图考》，旋蒴苣苔名出《中国植物志》。

　　猫耳朵分布于中国云南、广西、广东、香港、福建、浙江、江苏、江西、湖南、贵州、四川、重庆、湖北、甘肃、陕西、安徽、河南、山西、河北、天津、北京、山东、辽宁等地区。生长在海拔 100～500 米的丘陵、低山阴处石崖上或山坡岩石上。

　　猫耳朵叶全基生，密集，无叶柄。叶片肉质，近圆形、卵圆形、卵形，偶倒卵形，长 1～7 厘米，宽 0.5～5.5 厘米，边缘具锯齿，上面被白色贴伏长柔毛，下面被白色或淡褐色贴伏长茸毛。聚伞花序腋生，伞状，2～5 条，每条有 2～5 朵花。花序梗长 4～12 厘米，被淡褐色短柔毛。苞片 2，线形至披针形。花梗长 1～3 厘米，被短柔毛。花两性，花萼钟状，5 裂达近基部，裂片披针形。花冠淡蓝紫色、白色或粉红色，长 0.8～1.5 厘米，上唇 2 裂，下唇 3 裂。能育雄蕊 2，花丝扁平，长约 1 毫米，花药卵圆形，长约 2.5 毫米，顶端连着。子房卵状长圆形，被短柔毛，花柱外伸，柱头头状。蒴果线形，长 3～4 厘米，螺旋状扭曲开裂。种子多数，卵圆形。花期 4～8 月，果期 5～9 月。

猫耳朵的花

　　猫耳朵全草入药，可散瘀、止血、

解毒，也可治创伤出血、跌打损伤。鲜品捣烂取汁滴耳治中耳炎。

三枝九叶草

三枝九叶草是被子植物真双子叶植物毛茛目小檗科淫羊藿属的一种多年生草本植物。又称箭叶淫羊藿。

三枝九叶草分布于中国安徽、福建、甘肃、广东、广西、贵州、湖北、湖南、江西、陕西、四川和浙江等地区。日本也有分布。生于海拔200～1600米的山坡林下、灌丛中、水沟边或岩边石缝中。

三枝九叶草根状茎粗短，结节状，质硬，多细长须根。地上茎直立，高30～60厘米，具条棱，无毛。基生叶常为二回三出复叶，小叶9，叶片革质。总叶柄长8～15厘米。三出复叶的顶生小叶卵形，长4～20厘米，宽3～9厘米，先端钝尖至渐尖，基部心形，两侧裂片近对称。侧生小叶卵形或卵状披针形，基部心形偏斜。两侧裂片高度不对称，一侧裂片呈三角形或宽楔形，另一侧为钝圆，叶缘具细刺毛状齿。圆锥花序顶生，长10～30厘米，宽达5厘米。总花梗及花柄通常无毛，有时被少数腺毛。花柄长约1厘米，无毛。花直径6～8

三枝九叶草

毫米。外轮萼片 4，长圆状卵形，白色，具紫色斑点，长 3 ～ 4.5 毫米，宽 1.5 ～ 2 毫米。内轮萼片 4，卵形或卵状三角形，白色，长 2 ～ 3.5 毫米，宽约 2 毫米，先端急尖。花瓣 4，囊状，淡棕黄色，先端钝圆，与内轮萼片近等长或稍短。雄蕊 4，长 3 ～ 5 毫米，花药长 2 ～ 3 毫米。雌蕊 1，子房上位，花柱长于子房。蓇葖果狭卵状椭圆形，长约 1 厘米，顶端喙状。种子肾状长圆形，深褐色，长约 4 毫米。花期 3 ～ 4 月，果期 4 ～ 5 月。

　　三枝九叶草根、茎及全草供药用，具有补肾阳、强筋骨、祛风湿之功效，可用于治疗肾阳虚衰、阳痿遗精、筋骨痿软、风湿痹痛、麻木拘挛。也可作兽药，有强壮牛马性神经及补精之功效，主治牛马阳痿及神经衰弱、歇斯底里等症。

野　菰

　　野菰是被子植物真双子叶植物唇形目列当科野菰属的一种一年生寄生草本植物。名出《植物学大纲》。

　　野菰分布于中国安徽、福建、广东、广西、贵州、湖南、江苏、江西、四川、台湾、云南、浙江等地区。印度、斯里兰卡、缅甸、越南、菲律宾、马来西亚及日本也有分布。喜生长于土层深厚、湿润及枯叶多的地方，海拔 200 ～ 1800 米，常寄生在芒属和甘蔗属等禾草类植物根上。

　　野菰高 15 ～ 40（～ 60）厘米。根稍肉质。茎不分枝或自基部处分枝，黄褐色或紫红色。叶卵状披针形或披针形，长 5 ～ 10 毫米，宽 3 ～ 4 毫米，肉红色，两面无毛。花常单生茎端，稍俯垂。花梗粗壮，常直立，长 30（～ 49）厘米，直径约 3 毫米，无毛，常带紫红色条纹。花萼一侧裂开至近基部，长 2.5～4.5（～6.5）厘米，紫红色、黄色或黄白色，具紫红色条纹，两面无毛。花冠略二唇形，筒部顶端 5 浅裂，长 4～6 厘米，上唇裂片和下唇的侧裂片较短，近圆形，全缘，下唇中间裂片稍大，常与花萼同色或有时下部白色，凋谢后变绿黑色，干时变黑色。雄蕊 4 枚，内藏，花丝生于距筒基部约 1.5 厘米处，长 7～9 毫米，紫色，无毛，花药成对黏合，仅 1 室发育，下方 1 对雄蕊的药隔基部延长成距，黄色，有黏液。子房 1 室，侧膜胎座 4 个，横切面有极多分枝，花柱肉质，盾状，长 1～1.5 厘米，柱头膨大。蒴果圆锥状或长卵球形，2 瓣开裂，长 2～3 厘米。种子多数，小，椭圆形，黄色。

野菰的根和花可供药用，有清热解毒、消肿的作用，可治疗瘘、骨髓炎和喉咙痛等症。全株可用于妇科调经。

续随子

续随子是被子植物真双子叶植物金虎尾目大戟科大戟属的一种二年生草本植物。

续随子名出《开宝本草》。因植物初生一茎直立，叶生茎端，之后叶中复出茎，茎端续又生叶，茎叶叠加，次第相重，生又复续，续又复随得名。

续随子产于中国吉林、辽宁、内蒙古、河北、陕西、甘肃、新疆、山东、江苏、安徽、浙江、江西、福建、河南、湖北、湖南、广西、四川、贵州、云南、西藏等地，栽培或逸为野生；广泛分布或栽培于欧洲、北非、中亚、东亚和美洲。关于本种的原产地仍存争议，中国学者一般认为原产于欧洲。

　　续随子全株无毛，具白色乳汁。根柱状，侧根多而细。茎直立，基部单一，略带紫红色，顶部二歧分枝，高可达 1 米。单叶，对生，披针形至卵状披针形，长 6 ～ 10 厘米，宽 4 ～ 7 毫米，基部抱茎，全缘。复合聚伞花序生于茎顶，具伞梗 2 ～ 4，总苞叶 2 ～ 4 对，轮生，每伞梗再 1 ～ 2 次叉状分枝，分枝基部具 2 枚长三角状卵形苞片，杯状聚伞花序生于上部叶腋；总苞杯状，直径 3 ～ 5 毫米，边缘 5 裂，顶端 5 裂，具 4 枚新月形腺体，两端具短而钝的角。花单性

续随子的蒴果

同株，无花被，雄花多朵和雌花 1 朵同生于杯状总苞内；每雄花仅具 1 枚雄蕊，花丝与花梗间具不明显的关节，伸出总苞边缘；雌花心皮 3，子房 3 室，每室 1 胚珠，花柱 3，柱头 2 裂。蒴果三棱状球形，无毛，3 瓣裂；种子长圆形，表面有黑褐相间的斑纹；种阜无柄，极易脱落。花期 4 ～ 7 月，果期 6 ～ 9 月。

　　续随子的种子含油量高达 50%，可制作肥皂和润滑油；国外已将该种的油作为汽油的代用品进行研究并取得进展。种子、茎、叶及茎中白色乳汁均可入药，有逐水消肿、破症杀虫、导泻、镇静、镇痛、抗炎、抗菌、抗肿瘤等作用，但全草有毒，应慎用。此外，续随子草姿美丽，有一定的观赏价值。

日本蛇根草

日本蛇根草是被子植物真双子叶植物龙胆目茜草科蛇根草属的一种半灌木状草本植物。

日本蛇根草分布于中国陕西、四川、湖北、湖南、安徽、江西、浙江、福建、台湾、贵州、云南、广西和广东。日本、越南北部等也有分布。生于常绿阔叶林下的沟谷沃土上。

日本蛇根草高20～40厘米。茎下部匍地生根,上部直立。幼枝绿色,压扁状;老枝近圆柱状,上部干时稍压扁,有二列柔毛。叶对生,膜质,卵形,椭圆状卵形或披针形,有时狭披针形,通常长4～8厘米,有时可达10厘米,宽1～3厘米,顶端渐尖或短渐尖,基部楔形或近圆钝,干时上面淡绿色,下面变红色,有时两面变红色,亦有两面变绿黄色,通常两面光滑无毛,有时上面散生短糙毛,下面中脉和侧脉上被柔毛;中脉在上面近平坦,下面压扁,侧脉每边6～8条,纤细,弧状上升,末端近叶缘分枝消失,上面不很明显,下面微凸起。叶柄压扁,通常长1～2厘米,有时可达3厘米或过之,无毛或被柔毛。托叶脱落,未见。

日本蛇根草的花

花序顶生,有花多朵,总梗长通常1～2厘米,多少被柔毛,分枝通常短,螺状。花二型,花柱异长。长柱花,花梗长1～2毫米,常被短柔毛;小苞片披针状线形或线形,长4～6毫米,渐尖,近无毛或被稀疏缘毛;萼近无毛或被短柔毛，萼管近陀螺状，长约 1.3 毫米，宽约 1.4 毫米，有 5 棱，裂片三角形或近披针形，长 0.7 ～ 1.2 毫米；花冠白色或粉红色，近漏斗形，外面无毛，管长 1 ～ 1.3 厘米，喉部扩大，里面被短柔毛，裂片 5，三角状卵形，长 2.5 ～ 3 毫米，顶端内弯，喙状，里面被鳞片状毛，背面有翅，翅的顶部向上延伸成新月形；雄蕊 5，着生在冠管中部之下，花丝无毛，长 2 ～ 2.5 毫米，花药线形，长 2.5 ～ 3 毫米；花柱长 9 ～ 11 毫米，被疏柔毛，柱头 2 裂，裂片近圆形或阔卵形，长约 1 毫米，不伸出。短柱花：花萼和花冠同长柱花；雄蕊生喉部下方，花丝长 2 ～ 2.5 毫米，花药长 2.5 毫米，不伸出；花柱长约 3 毫米，柱头裂片披针形，长约 3 毫米。蒴果菱形、小，长 3 ～ 4 毫米，宽 7 ～ 9 毫米，近无毛。

日本蛇根草全草入药，有活血散瘀、祛痰、调经、止血之功效。根为著名蛇药。

前　胡

前胡是被子植物真双子叶植物伞形目伞形科前胡属的一种多年生草本植物。又称白花前胡。

前胡名出《名医别录》，陶弘景说："前胡似茈胡而柔软。为疗殆欲同。"《本草纲目》载："前胡有数种，唯以苗高一二尺，色似斜蒿，叶如野菊而细瘦，嫩时可食。秋月开黪白花，类蛇床子花，其根皮黑肉白，有香气为真。故方书称北前胡。"从其描述，系指白花前胡。

◆ 分布

前胡主要分布于中国甘肃、河南、贵州、广西、四川、湖北、湖南、江西、安徽、江苏、浙江、福建。生长于海拔 250～2000 米的山坡林缘，路旁或半阴性的山坡草丛中。

◆ 形态特征

前胡高 0.6～1 米。根茎粗壮，直径 1～1.5 厘米，灰褐色，存留多数越年枯鞘纤维。根圆锥形，末端细瘦，常分叉。茎圆柱形，下部无毛，上部分枝多有短毛，髓部充实。基生叶具长柄，叶柄长 5～15 厘米，基部有卵状披针形叶鞘；叶片轮廓宽卵形或三角状卵形，三出式二至三回分裂，第一回羽片具柄，柄长 3.5～6 厘米，末回裂片菱状倒卵形，先端渐尖，基部楔形至截形，无柄或具短柄，边缘具不整齐的 3～4 粗或圆锯齿，有时下部锯齿呈浅裂或深裂状，长 1.5～6 厘米，宽 1.2～4

前胡

厘米，下表面叶脉明显突起，两面无毛，或有时在下表面叶脉上以及边缘有稀疏短毛。茎下部叶具短柄，叶片形状与茎生叶相似。茎上部叶无柄，叶鞘稍宽，边缘膜质，叶片三出分裂，裂片狭窄，基部楔形，中间一枚基部下延。复伞形花序多数，顶生或侧生，伞形花序直径 3.5～9 厘米。花序梗上端多短毛。总苞片无或 1 至数片，线形。伞辐 6～15，不等长，长 0.5～4.5 厘米，内侧有短毛。小总苞片 8～12，卵状披针形，在同一小伞形花序上，宽度和大小常有差异，比花柄长，与果柄近等长，有短糙毛。小伞形花序有花 15 ～ 20。花瓣卵形，小舌片内曲，白色。萼齿不显著。花柱短，弯曲，花柱基圆锥形。果实卵圆形，背部扁压，长约 4 毫米，宽 3 毫米，棕色，有稀疏短毛，背棱线形稍突起，侧棱呈翅状，比果体窄，稍厚。棱槽内油管 3 ～ 5，合生面油管 6 ～ 10。胚乳腹面平直。花期 8 ～ 9 月，果期 10 ～ 11 月。

◆ **主要用途**

前胡具有祛痰、抗炎、抗溃疡、抗菌、解痉、抗过敏、扩张冠状血管和钙拮抗等作用，可用于治疗风热咳嗽、痰多气喘等症。前胡根中含有前胡酯类化合物、白花前胡丙素、香豆素类等物质，具有扩张冠状动脉的作用。此外，它在治疗阿尔茨海默病和癌症等方面有着良好的应用前景。

仙 茅

仙茅是被子植物单子叶植物天门冬目仙茅科仙茅属的一种多年生草本植物。

仙茅产于中国福建、台湾、湖南、浙江、江西、广东、广西、四川南部、云南和贵州。也分布于东南亚各国至日本。生于海拔 1600 米以下的林中、草地或荒坡上。

仙茅根状茎直生，近圆柱状长可达 10 厘米，直径约 1 厘米。叶基生，数枚，披针形、线形或线状披针形，长 10 ～ 45（～ 90）厘米，宽5 ～ 25 毫米，顶端长渐尖，基部渐狭成短柄或近无柄。花茎从叶腋抽出，

排成总状花序,长 6 ～ 7 厘米,大
部分藏于鞘状叶柄基部之内;苞片
披针形。每个花序通常有 4 ～ 6 朵
花,花黄色;花梗较短,约 2 毫米;
花被裂片长圆状披针形,长 8 ～ 12
毫米,外轮花被背面有时具有长柔

仙茅

毛;雄蕊 6,长约为花被裂片的一半;雌蕊 3 心皮合生,柱头 3 裂,分
裂部分较花柱长;子房狭长,顶端具长喙;中轴胎座,每室 2 至多数。
浆果近纺锤状,长 1.2 ～ 1.5 厘米,宽约 6 毫米,顶端有长喙。种子表
面具纵凸纹。花果期 4 ～ 9 月。

　　仙茅根状茎可入药,具有益精补髓、增添精神之功效,常用以治疗
阳痿、遗精、腰膝冷痛或四肢麻木等症。

降龙草

　　降龙草是被子植物真双子叶植物唇形目苦苣苔科半蒴苣苔属的一种
多年生草本植物。又称半蒴苣苔。

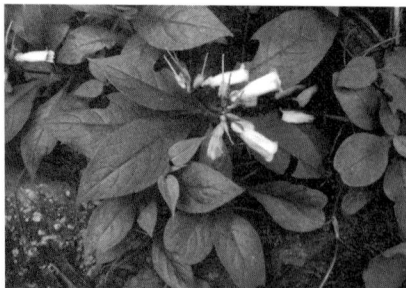

降龙草

　　降龙草名出《中国高等植物图
鉴》。分布于中国陕西、甘肃、浙
江、江西、湖北、湖南、广东、广
西、重庆、四川、贵州和云南等地
区。生长在山谷林下石上或沟边阴
湿处,海拔 100 ～ 2100 米。越南

北部也有分布。

降龙草茎高 10～40 厘米，肉质，通常不分枝，散生紫褐色斑点，无毛。叶对生，叶片稍肉质，椭圆形、卵形或倒卵形，长 3～22 厘米，宽 1.4～11.5 厘米，全缘或中部以上稍有浅钝齿，上面散生短柔毛或近无毛；下面无毛或沿脉有疏毛；皮下散生蠕虫状石细胞；侧脉 5～6 对；叶柄长 0.5～7 厘米。聚伞花序腋生或假顶生，花序梗通常 2～4 厘米长，无毛；总苞近球形，顶端具突尖，无毛。花两性，萼片 5，膜质，无毛。花冠白色，内具紫斑，长达 4.2 厘米，花冠筒外面疏生腺状短柔毛，内面基部上方 5～6 毫米处有一毛环，上唇 2 浅裂，下唇 3 浅裂。雄蕊无毛，花丝生于距离花冠基部 14～15 毫米处；花药椭圆形，顶端连着；退化雄蕊 3，背部 1 枚小。花盘环状。子房线形，无毛，柱头钝。蒴果线状披针形，略弯曲，长达 2.5 厘米，无毛。花期 7～12 月，果期 10 月至翌年 1 月。

降龙草全草入药，可治疗疮痈肿毒、蛇咬伤和烧烫伤。

山　奈

山奈是被子植物单子叶植物姜目姜科山奈属的一种多年生草本植物。名出《神农本草经》。

山奈分布于东亚、东南亚至南亚，中国台湾、广东、广西、云南等地区有栽培。

山奈具块状根茎。根茎单生或数枚连接，芳香。叶 2 列，通常 2 片贴近地面生长，叶柄很短，叶鞘长 2～3 厘米；叶片近圆形，长 7～13 厘米，宽 4～9 厘米，干时叶面可见红色小点。花顶生，4～12 朵组

山奈

成穗状花序，具有总花梗，具有总苞片；每朵花下具有多数螺旋排列的披针形苞片，长2.5厘米，花白色，有香味，两侧对称；花萼与苞片等长，花冠下部合生，花管长2～2.5厘米，裂片6，线形，长1.2厘米；雄蕊具有侧生退化雄蕊，花瓣状，唇瓣白色（来自内生2枚退化雄蕊），基部具紫斑，长2.5厘米，宽2厘米，深2裂，发育雄蕊1，无花丝，药隔附属体2裂；雌蕊3心皮合生，3室中轴胎座，胚珠多数，花柱线性，柱头螺旋状。蒴果，种子近球形。花期8～9月。

山奈根状茎为中药芳香健胃剂，有散寒、祛湿、温脾胃、辟恶气之功效，亦可作调味香料，提取的芳香油是定香力强的香料。根茎含龙脑等挥发油，行气温中、消食、止痛，可用于治疗胸膈胀满、脘腹冷痛、饮食不消等症状。

观赏花草

水 蕹

水蕹是被子植物单子叶植物沼生目水蕹科水蕹属的一种多年生淡水草本植物。水蕹因形似蕹菜（空心菜）、生长在淡水中而得名。

水蕹分布于中国海南、广东、福建、台湾、江西、浙江、云南等地区。生于浅水塘、溪沟及蓄水稻田中。印度、泰国、柬埔寨、越南和马来西亚等东南亚国家也有分布。

水薤具有根状茎，长 2 厘米。块状质硬。基部有叶鞘残存的丝状物，及纤维状须根多数。叶大，多沉水生或浮水面，草质，矩圆形或披针形，长 5 ～ 9 厘米，宽 2 厘米，基部圆形或浅心形，顶端钝尖，全缘，具有平行脉 3 ～ 5 条。沉水叶柄长 9 ～ 15 厘米，浮水叶柄长 30 ～ 60 厘米。花葶长约 21 厘米，穗状花序单生花葶顶端，

水薤

长 4 ～ 6 厘米，花期挺出水面。有佛焰苞状的苞片，早落。花小两性，花被片 2，黄色膜质，长约 2 毫米。雄蕊 6，离生，花药纵裂。雌蕊 3 ～ 6 心皮，离生或仅基部联合。子房上位，每心皮 1 室，每室胚珠 4 ～ 6 颗。蓇葖果卵形，顶端有一外弯的喙。花果期 4 ～ 10 月。

水薤在江西是夏秋农家蔬菜。也称水空心菜，茎叶可食用。水薤是碱性食物，粗纤维素的含量较丰富，具有促进肠蠕动、通便解毒的作用，块茎也可食用。叶的脉间破裂成网状，有许多网孔，具观赏性，常作为水族馆观赏植物。

文殊兰

文殊兰是被子植物单子叶植物天门冬目石蒜科文殊兰属文殊兰的一个变种。又称亚洲文殊兰、十八学士。

文殊兰名出《南越笔记》。为南传佛教五树六花之一，与著名的文殊菩萨有联系。

原变种广泛分布于亚洲热带地区，变种中国文殊兰分布于福建、广东、广西、台湾等地区。喜生于海滨地区或河旁沙地。现广为栽培供绿化观赏。

文殊兰地下具长柱形鳞茎，地上具有短粗茎。叶集生于茎顶端，

文殊兰蒴果

有时似基生，叶带状披针形，呈多列，15～30枚，长可达1米以上，宽7～12厘米，顶端具急尖头，全缘，暗绿色。花葶从茎顶生出，多与叶等长。花序伞形，具10～24朵花，总苞片佛焰苞状，披针形，长6～10厘米，膜质，每朵花具线形小苞片，长3～7厘米，花梗长0.5～2.5厘米；花高脚碟状，花被片6，白色芳香，基部合生，花被管纤细，长10厘米，带绿色，花被裂片线形，长4.5～9厘米，宽6～9毫米；雄蕊6，淡红色，花丝长4～5厘米，花药线形，丁字形着生，长1.5厘米或更长；雌蕊3心皮合生，子房下位纺锤形，中轴胎座。蒴果近球形，直径3～5厘米；通常种子1枚。花期夏季。

文殊兰在热带、亚热带广泛栽培作绿化观赏。此外，叶与鳞茎可入药，有活血散瘀、消肿止痛之功效，常用于治疗咽喉炎、跌打损伤、风热头痛、热毒疮肿等症。

虎耳草

虎耳草是被子植物真双子叶植物虎耳草目虎耳草科虎耳草属的一种多年生草本植物。名出《履巉岩本草》。

本种植物与虎耳草属山羊臭组植物，如棒腺虎耳草等均具有鞭匐枝，但亲缘关系较远。本种为虎耳草属较为原始的类群。

虎耳草分布于中国安徽、福建、广东、广西、贵州、甘肃东南部、河北（小五台山）、河南、湖北、湖南、江苏、江西、山西、陕西、台湾、四川东部、云南东部和西南部。朝鲜、日本也有分布。主要生于林下、灌丛、草甸、阴湿岩隙，海拔 400 ～ 4500 米。

虎耳草高 8 ～ 45 厘米。鞭匐枝细长，密被卷曲长腺毛。茎被长腺毛，具 1 ～ 4 枚苞片状叶。基生叶具长柄，叶片近心形、肾形至扁圆形，长 1.5 ～ 7.5 厘米，宽 2 ～ 12 厘米，先端钝或急尖，基部近截形、圆形至心形，（5 ～）7 ～ 11 浅裂（有时不明显），裂片边缘具不规则齿牙和腺睫毛，腹面绿色，被腺毛，背面通常红紫色，被腺毛，有斑点，叶柄长 1.5 ～ 21 厘米，被长腺毛；茎生叶披针形，长约 6 毫米，宽约 2 毫米。聚伞花序圆锥状，长 7.3 ～ 26 厘米，具 7 ～ 61 朵花；花序分枝长 2.5 ～ 8 厘米，被腺毛，具 2 ～ 5 朵花；花梗长 0.5 ～ 1.6 厘米，被腺毛；花两侧对称；萼片在花期开展至反曲，卵形，长 1.5 ～ 3.5 毫米，宽 1 ～ 1.8 毫米，先端急尖，边缘具腺睫毛，腹面无毛，背面被褐色腺毛；花瓣白色，中上部具紫红色斑点，基部具黄色斑点，5 枚，其中 3 枚较短，卵形，长 2 ～ 4.4 毫米，宽 1.3 ～ 2 毫米，先端急尖，另 2 枚较长，披针形至长圆形，长 6.2 ～ 14.5 毫米，宽 2 ～ 4 毫米，先端急尖；雄蕊 10，长 4 ～ 5.2 毫米，花丝棒状；花盘半环状，围绕于子房一侧；心皮 2，下部合生，长 3.8 ～ 6 毫米；子房卵球形，花柱 2，叉开。花果期 4 ～ 11 月。

本种可供观赏；全草可入药，能清热解毒、凉血、止血。

虎颜花

虎颜花是被子植物真双子叶植物毛茛目野牡丹科虎颜花属的一种草本植物。又称大莲蓬、熊掌。名出《中国植物志》。

虎颜花是单型属物种。中国特有，仅分布于广东西南部。生长在海拔 400 ～ 600 米山谷密林下阴湿处、溪旁、河边或岩石上。怕晒，需良好的森林作荫蔽。

虎颜花叶基生，心形，膜质，顶端近圆形，基部心形，边缘有细齿，基出脉 9 条；叶柄圆柱形。蝎尾状聚伞花序腋生，具长花序梗；花两性，辐射对称；花萼漏斗形，具 5 棱，棱上具翅；花瓣 5，暗红色；雄蕊 10，花药单孔开裂；心皮 5，合生，子房上位，卵形，5 裂，胚珠多数。蒴果漏斗状杯形，孔裂；种子小，楔形，密布小突起，宿萼杯形，棱上具翅。花期 11 月，果期翌年 3 ～ 5 月。

虎颜花

虎颜花叶片硕大，叶形美观，耐阴性强，花蕾小巧玲珑、鲜艳水灵，可作为高档观花观叶植物。

自 20 世纪 70 年代被描述发表后，这种叶大花小、花形态独特的植物就引起植物界的关注。由于其分布狭窄，对环境依赖性强，被列为濒危物种，并列入 2021 年 9 月发表的《国家重点保护野生植物名录》中，为二级保护物种。虎颜花已经成功在室内栽培，并重引进至野外。

四季秋海棠

四季秋海棠是被子植物真双子叶植物葫芦目秋海棠科秋海棠属的一种多年生直立常绿草本植物。又称兜状秋海棠。

◆ 分布

四季秋海棠产于巴西、阿根廷。除原种外，还有 2 个变种。因其观赏价值高、适应性强、容易栽培，引种后已在全球亚热带及热带地区大量逸生，如美国佛罗里达、亚拉巴马、佐治亚等地。中国约在 1930 年从国外引入四季秋海棠，已在广东、福建、香港及台湾等地多处发现逸生，但不构成危害。主要生长在林缘、山坡、石壁、石缝、瀑布及溪沟边、菜地、路旁等。

◆ 形态特征

四季秋海棠高达 130 厘米，无根状茎。地上茎绿色或红色，分枝，幼时疏生灰白柔毛，成熟时无毛。罕见近攀缘状，有或无分枝，无纵棱，近无毛。托叶膜质，早落，长卵形。叶柄红色或红绿色，被疏毛，直接同主脉相连或成锐角；叶片宽卵形至椭圆形，两面无毛或被极稀疏毛，腹面绿色，蜡质光亮，叶背灰绿色，边缘有齿和睫毛，有时极疏，叶基稍截形至楔形，常内卷，顶端急尖或近圆；叶脉掌状，腹面近平行镶嵌或微凹，背凸。二歧聚伞花序腋生，雌雄同株，花少数，花被瓣状，离生；苞片宿存，卵形，边缘流苏状，有长缘毛。雄花被片 4，白色至粉红，外轮 2 片近圆形，内轮 2 片倒卵形，雄蕊 25 ～ 40，对称排列，花药顶端圆凸。雌花的子房下方约 2 毫米花柄处具 3 小苞片，狭倒卵形至倒卵形，边缘具纤毛；花色同雄花，被片 4 或 5，卵形、椭圆形或倒卵形；子房幼时白色，后转绿至绿红色，近椭圆形，3 室，中轴胎座，每室胎座具 2 裂片，有不等 3 翅，长翅高出柱头；花柱 3，分枝 1 次，柱头螺旋带状。蒴果，长翅圆三角形，长 10 ～ 17 毫米，短翅长 3.5 ～ 5 毫米。种子极多数，细小，每个果实有种子数千。

◆ **主要用途**

本种为四季秋海棠品系的原始亲本。四季秋海棠品系为世界主要的观赏花卉之一，占据整个秋海棠属花卉产销量的最大份额，适用于盆花、花镜、花坛和花柱观赏。它被全球广泛栽培，是各种露天花展的优良材料，在中国也十分常见。四季秋海棠在原产地还被作为利尿剂和蔬菜。

经济植物

玫瑰茄

玫瑰茄是被子植物真双子叶植物锦葵目锦葵科木槿属的一种一年生或多年生直立草本或亚灌木。又称洛神葵。名出《岭南农刊》。

玫瑰茄原产地学界有两种意见，一种认为其原产于热带的非洲，另一种认为其原产于印度到马来西亚的热带区域。全球热带和亚热带广泛栽培。中国广东、福建、台湾、云南南部也有栽培。

玫瑰茄高达 2.5 米。茎圆形，光滑，红色浅紫色。叶二型，茎下部叶卵形，上部叶掌状 3～5 深裂。裂片披针形，长 2～8（～15）厘米，宽 0.5～1.5 厘米，先端钝或渐尖，基部圆形或宽楔形，无毛，边缘有齿。叶柄长 2～8 厘米，被疏毛。托叶线形，长约 1 厘米，被疏毛。花单朵腋生，几无花梗，小苞片 8～12 枚，披针形，顶端有刺状附属物，萼杯形，肉质，有刺和粗毛，裂片 5，宽 1～2 厘米。果实成熟时增大达 5 厘米宽，肉质，鲜红色，完全包裹蒴果。花冠浅黄色，径达 12 厘米，花瓣基部有深红色斑点。雄蕊多，单体。蒴果卵球形，密被粗毛，径 1.5～2 厘米。每果瓣有种子 3～4 枚，肾形，种子多数。

玫瑰茄茎皮纤维可替代红麻，制绳索。红色的花萼在欧美被用作食品着色剂，在非洲被用来制作饮料。花萼和新鲜嫩果在美洲被用来制作饮料，种子含脂肪油 20%，可榨油供工业用。根和种子可入药，有利尿功能，或被用作泻药。嫩叶可作蔬菜食用。

凤 梨

凤梨是被子植物单子叶植物禾本目凤梨科凤梨属的一种多年生草本植物。俗称菠萝。凤梨原产于巴西。中国福建、广东、海南、广西、云南有栽培。

凤梨叶多数，基生，莲座式排列；叶剑形，长 40～90 厘米，宽 4～7 厘米，顶端渐尖，全缘或有锐齿，腹面绿色，背面粉绿色，边缘和顶端常带褐红色，生于花序顶部的叶变小，常呈红色。花葶于叶丛中抽出，花序头状，形如松球，长 6 ～ 8 厘米；花两性，螺旋状排列在花托上，具有基部绿色、上半部淡红色的苞片，三角状卵形；萼片 3，宽卵形，肉质，顶端带红色，长约 1 厘米；花瓣 3，长椭圆形，端尖，长约 2 厘米，上部紫红色，下部白色；雄蕊 6；雌蕊 3 心皮合生，子房下位，中轴胎座，胚珠多数，柱头 3 裂。果时花序轴增大，形成肉质的聚花果，长 15 厘米以上。

凤梨

凤梨为世界著名热带水果之一，其可食部分主要由肉质增大的花序轴、螺旋状排列于外周的花组成，花通常不结实，宿存的花被裂片围成一空腔，腔内藏有萎缩的雄蕊和花柱。叶的纤维坚韧，可供织物、制绳、结网和造纸。

灯笼果

灯笼果是被子植物真双子叶植物茄目茄科灯笼果属的一种多年生草本植物。名出《中国植物志》。

灯笼果

灯笼果原产于南美洲。中国福建、广东、江苏、云南以及东北等地有栽培，在西南、华南等地有逸生，生于海拔 1200 ～ 2100 米的路旁或河谷。

灯笼果高 45 ～ 90 厘米，具匍匐的根状茎。茎直立，不分枝或少分枝，密被短柔毛。叶较厚，阔卵形或心脏形，长 6 ～ 15 厘米，顶端短渐尖，基部对称心脏形，全缘或有少数不明显的尖牙齿，两面密生柔毛；叶柄长 2 ～ 5 厘米，密生柔毛。花两性，单生于叶腋或枝腋，具梗，俯垂或有时直立。花萼阔钟状，同花梗一样密生柔毛，长 7 ～ 9 毫米，裂片披针形，与筒部近等长，宿存，结果时膨大，具网纹；花冠阔钟状，长 1.2 ～ 1.5 厘米，黄色，喉部有紫色斑纹，5 浅裂，裂片近三角形，外面生短柔毛，边缘有睫毛；雄蕊及花药蓝紫色，花药长约 3 毫米。果萼卵球状，薄纸质，淡绿色或淡黄色，被柔毛；浆果卵球形，成熟时黄色。种子黄色，圆盘状，直径约 2 毫米。夏季开花结果。

灯笼果果实成熟后味道酸甜可口，可生食或作果酱。

第 **3** 章

蕨类植物

华南紫萁

华南紫萁是蕨类植物紫萁目紫萁科紫萁属的一种。

华南紫萁是中国亚热带常见的植物。产于海南、广东、广西、福建、贵州、云南（南部）及香港。印度、缅甸、越南也有分布。生于草坡和溪边荫处酸性土上。

华南紫萁的根状茎直立，粗壮，成圆柱状主轴。叶簇生主轴顶部，一型，羽片二型，叶柄棕禾秆色，叶片长圆状披针形，奇数一回羽状，叶厚纸质，干后绿或黄绿色。下部 3～4 对羽片能育，羽片线形，

华南紫萁

中脉两侧密生圆形分开的孢子囊穗，穗上着生孢子囊，深棕色。

本种形似苏铁，株型美观，叶姿态优雅，颇具观赏价值，可供庭园中栽植或室内盆栽观赏。

假脉蕨属

假脉蕨属是蕨类植物膜蕨目膜蕨科的一属。

假脉蕨属分布于非洲及亚洲热带和亚热带至大洋洲。中国分布于台湾、福建、广东、海南、广西、四川、贵州、云南等地,少数达江西及浙江。

假脉蕨属植株小型至中等,附生、石生或陆生。根状茎铁丝状、纤维状或粗线状,短或长横走,密被或疏被短毛,无根或细根。叶柄整体具翅或近基部无翅。叶片羽状分裂或很少指状分裂至扇状收缩,全缘无毛,近边缘或内部散布假脉,或无假脉。孢子囊群生于裂片的腋间或着生于向轴的短裂片顶端;囊苞倒圆锥形至椭圆形、钟形或漏斗形,先端圆或尖头,口部浅裂为两唇瓣,圆形或三角形,下部为漏斗形,两侧多少有翅,囊群托突出。

本属约有 30 种,中国产 11 种。

铁线蕨

铁线蕨是蕨类植物水龙骨目凤尾蕨科铁线蕨属的一种。

铁线蕨世界广布。中国分布于台湾、福建、广东、广西、湖南、湖北、江西、贵州、云南、四川、甘肃、陕西、山西、河南、河北等地。多生于沟谷或岩石湿地。

铁线蕨高 15 ～ 40 厘米。根状茎横走,密被披针形淡褐色鳞片。叶片远生或近生,叶柄纤细,栗黑色,具光泽;叶片三角状卵形,中部以

铁线蕨形态结构示意图

下多为二回羽状，中部以上为一回奇数羽状；羽片 3 ～ 5 对，互生，斜向上，有柄；末回小羽片斜扇形或近斜方形，上缘圆形，具 2 ～ 4 浅裂或深裂成条状的裂片；叶轴、各回羽轴和小羽柄均与叶柄同色，往往略向左右曲折。孢子囊群每羽片 3 ～ 10 枚，横生于能育末回小羽片的上缘；囊群盖长肾形或圆肾形，老时棕色，膜质，全缘，宿存。孢子周壁具粗颗粒状纹饰。

铁线蕨的淡绿色叶片搭配着乌黑光亮的叶柄，显得格外优雅飘逸，是蕨类植物中栽培普及的种类之一。该种植物喜阴，适应性强，栽培容易，作为小型盆栽喜阴观叶植物，在许多方面优于文竹。此外，铁线蕨可吸收甲醛等有害气体，被认为是有效的生物"净化器"。全草入药，可祛风、活络、解热、止血、生肌。

苏铁蕨

苏铁蕨是蕨类植物水龙骨目乌毛蕨科苏铁蕨属的一种。

苏铁蕨因其茎叶极似苏铁，故名。产于中国广东、广西、海南、福

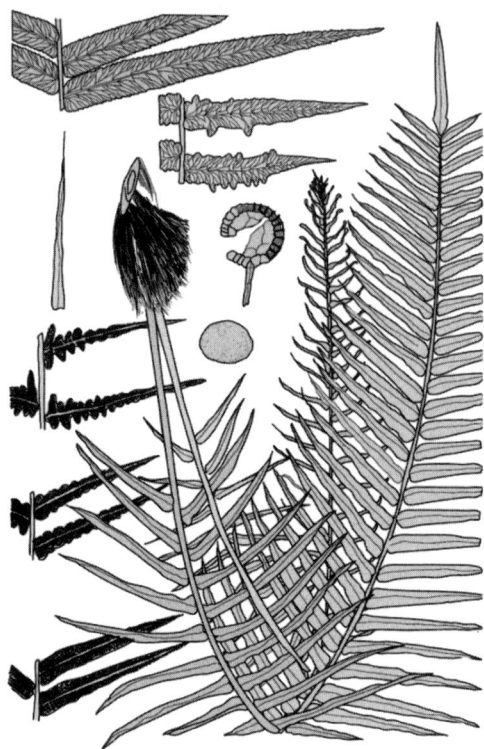

苏铁蕨的形态结构示意图

建、台湾及云南。也广布于从印度经东南亚至菲律宾的亚洲热带地区。生于山坡向阳地，海拔 450～1700 米。

苏铁蕨植株高大，可达 3 米。圆柱形的主轴直立或斜上，木质，粗短，单一或有时分叉，黑褐色，顶部与叶柄基部均密被线形棕色鳞片。叶簇生于主轴的顶部；叶片椭圆披针形，二型，不育叶一回羽状；羽片 30～50 对，对生或互生，线状披针形至狭披针形，先端长渐尖，基部为不对称的心脏形，近无柄，边缘有细密的锯齿，偶有不整齐的裂片；能育叶与不育叶同形。叶脉两面均明显，沿主脉两侧各有一行三角形或多角形网眼，网眼外的小脉分离，单一或 1～2 回分叉。叶革质，光滑，或于下部有少数棕色披针形小鳞片。孢子囊群沿主脉两侧的小脉着生，成熟时逐渐满布于主脉两侧。

苏铁蕨树形优美、形体苍劲、嫩叶绯红，常栽培供观赏。根状茎可入药，有清热解毒、活血散瘀、抗菌收敛等功效，治感冒、烧伤或用于止血。

问　荆

问荆是蕨类植物木贼目木贼科木贼属的一种。

问荆生长在北半球的寒带和温带地区。产于中国黑龙江、吉林、辽宁、内蒙古、北京、天津、河北、山西、陕西、宁夏、甘肃、青海、新疆、山东、江苏、上海、安徽、浙江、江西、福建、河南、湖北、四川、重庆、贵州、云南、西藏。欧洲、北美洲，以及日本、朝鲜、韩国、俄罗斯等国家和喜马拉雅地区也有分布。

问荆是中小型蕨类。根状茎斜升、直立和横走，黑棕色，节和根密生黄棕色长毛或无毛。地上枝当年枯萎。枝二型。能育枝春季萌发，高5～35厘米，中部径3～5毫米，节间长2～6厘米，黄棕色，无轮茎分枝，脊不明显，有密纵沟；鞘筒栗棕色或淡黄色，长约8毫米；鞘齿9～12，栗棕色，长4～7毫米，窄三角形；鞘背上部有1浅纵沟，孢子散后能育枝枯萎。不育枝后萌发，高达40厘米；主枝中部径1.5～3毫米，节间长2～3厘米，绿色，轮生分枝多，主枝中部以下有分枝，脊背部弧形，无棱，

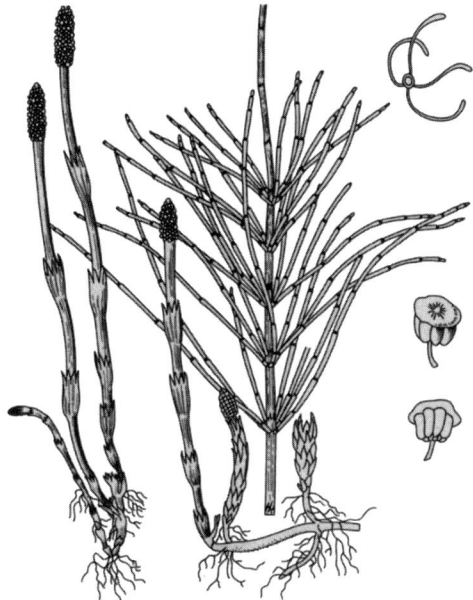

问荆形态结构示意图

有横纹，无小瘤；鞘筒窄长，绿色；鞘齿三角形，5～6枚，中间黑棕色，边缘膜质，淡棕色，宿存。侧枝柔软纤细，扁平状，有3～4条窄而高的脊，脊背部有横纹；鞘齿3～5，披针形，绿色，边缘膜质，宿存。孢子囊穗圆柱形，长1.8～4厘米，径0.9～1厘米，顶端钝，成熟时柄长3～6厘米。

桫椤

桫椤是蕨类植物桫椤目桫椤科桫椤属的一种。又称刺桫椤。

桫椤产于中国福建、广东、海南、香港、广西、贵州、云南、四川、重庆和江西。日本、越南、柬埔寨、泰国（北部）、缅甸、孟加拉国、不丹、尼泊尔和印度也有分布。生于山地溪旁或疏林中，海拔260～1600米。

桫椤为树状常绿植物，茎干高达6米或更高，直径10～20厘米，上部有残存的叶柄，向下密被交织的不定根。叶螺旋状排列于茎顶端；茎段端和拳卷叶以及叶柄的基部密被鳞片和糠秕状鳞毛，鳞片暗棕色，有光泽，狭披

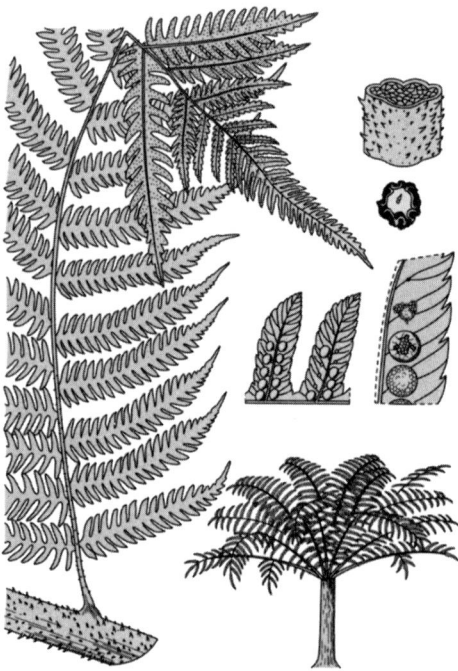

桫椤的形态结构示意图

针形，先端呈褐棕色刚毛状，两侧有窄而色淡的啮齿状薄边；叶柄长 30 ～ 50 厘米，通常棕色或上面较淡，连同叶轴和羽轴有刺状突起，背面两侧各有一条不连续的皮孔线，向上延至叶轴；叶片大，长矩圆形，长 1 ～ 2 米，宽 0.4 ～ 1.5 米，三回羽状深裂；羽片 17 ～ 20 对，互生，基部 1 对缩短，长约 30 厘米，中部羽片长 40 ～ 50 厘米，宽 14 ～ 18 厘米，长矩圆形，二回羽状深裂；小羽片 18 ～ 20 对，基部小羽片稍缩短，中部的长 9 ～ 12 厘米，宽 1.2 ～ 1.6 厘米，披针形，先端渐尖而有长尾，基部宽楔形，无柄或有短柄，羽状深裂；裂片 18 ～ 20 对，斜展，基部裂片稍缩短，中部的长约 7 毫米，宽约 4 毫米，镰状披针形，短尖头，边缘有锯齿；叶脉在裂片上羽状分裂，基部下侧小脉出自中脉的基部；叶纸质，干后绿色；羽轴、小羽轴和中脉上面被糙硬毛，下面被灰白色小鳞片。孢子囊群孢生于侧脉分叉处，靠近中脉，有隔丝，囊托突起，囊群盖球形，膜质；囊群盖球形，薄膜质，外侧开裂，易破，成熟时反折覆盖于主脉上面。

本种为国家重点保护植物，具有很高的观赏价值。

翠云草

翠云草是石松类植物卷柏目卷柏科卷柏属的一种。

翠云草产于中国安徽、重庆、福建、广东、广西、贵州、湖北、湖南、江西、陕西、四川、云南、浙江及香港。生于林下，海拔 50 ～ 1200 米。

翠云草土生，常绿。主茎先直立而后攀缘状，长 50 ～ 100 厘米或更长。根托只生于主茎的下部或沿主茎断续着生，自主茎分叉处下方生

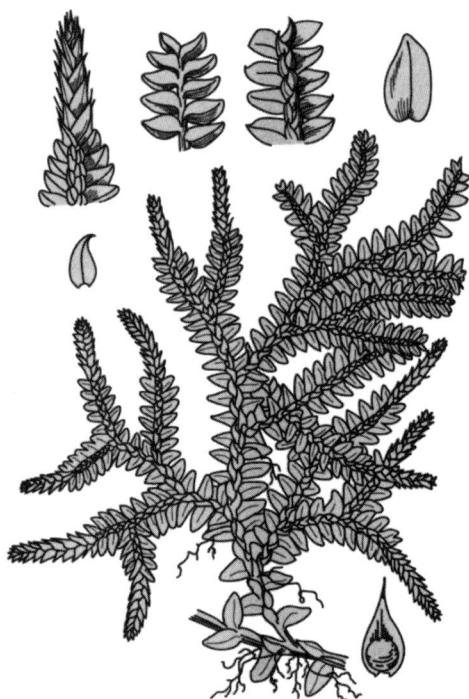

翠云草的形态结构示意图

出。主茎自近基部羽状分枝，禾秆色；下部直径 1～1.5 毫米，圆柱状，具沟槽，无毛，维管束 1 条；先端鞭形，侧枝 5～8 对，二回羽状分枝，次级分枝 1～2 回分叉，小枝排列紧密，主茎上相邻分枝相距 5～8 厘米，末回分枝连叶宽 3.8～6 毫米。叶表面光滑，通常具虹彩，边缘全缘，明显具白边，主茎上的叶排列较疏，较分枝上的大，二型，绿色。主茎上的腋叶明显大于分枝上的，肾形，基部略心形。分枝上的腋叶对称，宽椭圆形或心形，边缘全缘；基部近心形。中叶不对称，主茎上的明显大于侧枝上的，侧枝上的接近覆瓦状排列，卵圆形，背部不呈龙骨状，先端与轴平行或交叉或常向后弯，长渐尖，基部钝，边缘全缘。侧叶不对称，主茎上的明显大于侧枝上的，侧枝上的叶长圆形，外展，紧接，先端急尖或具短尖头，边缘全缘；上侧叶基部不扩大，不覆盖小枝，边缘全缘；下侧叶基部圆形，边缘全缘。孢子叶穗紧密，四棱柱形，单生于小枝末端；孢子叶一型，卵状三角形，龙骨状，边缘全缘，具白边，先端渐尖；大孢子叶分布于孢子叶穗基部的下侧或中部的下侧或上部的下侧。小孢子囊椭圆形，较薄，细胞规则；小孢子淡黄色，大孢子灰白色或暗褐色。

翠云草全草入药，为常用草药及中国鄂西土家族常用民族药。植株叶片表面老时具虹彩，适于家庭居室盆栽观赏。

乌毛蕨

乌毛蕨是蕨类植物水龙骨目乌毛蕨科乌毛蕨属的一种。

乌毛蕨产于中国重庆、福建、广东、广西、贵州、海南、湖南、江西、四川、台湾、西藏、云南、浙江。亚洲热带地区、澳大利亚、太平洋岛屿也有分布。生长于较阴湿的水沟旁及坑穴边缘，也生长于山坡灌丛中或疏林下，海拔200～1000米。

乌毛蕨土生。木质根状茎直立，粗短，深棕色，先端及叶柄下部密被狭披针形鳞片。叶簇生于茎顶端；柄坚硬，棕色，无毛；叶片卵状披针形，一回羽状，羽片多数，二型，互生，无柄，下部羽片不育，极度缩小为圆耳形，彼此远离，向上羽片突然伸长，疏离，能育，至中上部羽片最长，斜展，线形或线状披针形，先端长渐尖或尾状渐尖，基部圆楔形，下侧往往与叶轴合生，全缘或呈微波状，干后反卷，上部羽片向上逐渐缩短，基部与叶轴合生并沿叶轴下延。叶脉上面明显，主脉两面均隆起，上面有纵沟；小脉分离，单一或二叉，斜展或近平展，平行，密接。叶近革质，干后棕色，无毛；叶轴粗壮，棕禾秆色，无毛。孢子囊群线形，连续，紧靠主脉两侧，与主脉平行；囊群盖线形，开向主脉，宿存。

乌毛蕨幼叶可食，含有丰富的维生素，是山野菜中的极品。叶片长阔披针形，叶色翠绿，形态优美，革质，水分散失较少，离体活性时间长，来源广泛，被广泛应用于鲜花及插花艺术；同时，由于管理粗放，可作园林绿化。根状茎可药用，有清热解毒、活血散瘀、除湿健脾胃之功效，嫩芽捣烂外敷可消炎。同时，由于它含有异檞皮苷、麦甾醇、胆碱及多种茚满衍生物等，因此具有保健作用，可治疗高血压、肥胖症。有去油腻、助消化等独特作用，能降气化痰、提神醒脑，常食可软化血管、降低胆固醇、预防心脏病。乌毛蕨对重金属而言为根部囤积型植物，是修复铜、镉、铅污染土壤的潜在植物。

肿足蕨

肿足蕨是蕨类植物水龙骨目肿足蕨科肿足蕨属的一种。

肿足蕨产于中国甘肃、河南、安徽、台湾、广东、广西、四川、贵州、云南和西藏。广泛分布于亚洲亚热带地区和非洲。生于干旱的石灰岩缝。

肿足蕨植株高 20 ～ 50 厘米。根状茎粗壮，横走，连同叶柄基部密被鳞片；鳞片长达 3 厘米，狭披针形，先端渐狭成线形，全缘，膜质，亮红棕色。叶近生，叶柄禾秆色，基部有时疏被较小的狭披针形鳞片，向上仅被灰白色柔毛；叶片卵状五角形，先端渐尖并羽裂，基部圆心形，三回羽状；羽片 8 ～ 12 对，稍斜上，下部 1 ～ 2 对近对生，向上互生；基部 1 对最大，三角状长圆形。叶脉两面明显，侧脉羽状，单一，每末回裂片 2 ～ 3 对，斜上，伸达叶边；叶草质，干后黄绿色，两面连同叶轴和各回羽轴密被灰白色柔毛；羽轴下面偶有红棕色的线状披针形的狭鳞片。孢子囊群圆形，背生于侧脉中部，每裂片 1 ～ 3 枚；囊群盖大，肾形，浅灰色，膜质，背面密被柔毛，宿存。孢子圆肾形，周壁具较密的褶皱，形成明显的弯曲条纹，表面光滑。

第4章
藻类植物

橘色藻属

橘色藻属是藻类植物绿藻门石莼纲橘色藻目橘色藻科的一属。

橘色藻属广泛分布于热带、亚热带潮湿的地区，如中国广东、广西、四川、云南、福建等地。也见于高海拔亚热带地区的潮湿生境。气生，附生在叶片、树干、墙壁、岩石或其他基质表面。

橘色藻属植物体绒毛状或结成壳状；分枝丝状体；具或不具异丝体分化；细胞内常积累大量类胡萝卜素而呈现出黄绿色、红褐色；繁殖方式为同宗配合或孢子繁殖，配子囊间生、顶生或侧生，有的孢子囊具一瓶颈状的柄细胞，簇生或单生。

本属约有43种。根据之前的分类系统，广义橘色藻属为多系。《中国淡水藻志》记载有10种。

橘色藻属代表性物种为金黄橘色藻，植物体分枝密集，规则，细胞圆柱形，宽大于20微米，孢子囊聚生于直立枝顶端。

头孢藻属

头孢藻属是藻类植物绿藻门石莼纲橘色藻目橘色藻科的一属。

头孢藻属是寄生种类，生在高等植物叶片、果实的角质层下。广泛分布于热带、亚热带潮湿的地区，如中国广东、广西、四川、云南、福建等地。

头孢藻属植物体为分枝丝状体，具明显的异丝体分化；细胞内常积累大量类胡萝卜素而呈现出黄绿色、红褐色；繁殖方式为同宗配合或孢子繁殖，配子囊间生、顶生或侧生，有的孢子囊具一瓶颈状的柄细胞，簇生或单生。

本属约有 17 种，中国已报道 4 种。代表性物种为茂盛头孢藻，植物体为圆形或不规则盘状体。

中眼藻属

中眼藻属是藻类植物绿藻门轮藻纲中眼藻目中眼藻科的一属。

中眼藻属偶见于世界各地温带、亚热带或热带淡水水体中。中国福建有分布。

中眼藻属植物体为单细胞，具眼点和 2 根鞭毛。鞭毛侧生，从细胞一侧的凹入处伸出；色素体片状或杯状，具或不具蛋白核；细胞原生质体外由 3 层鳞片包被，最外层为篮状鳞片，中层为椭圆形鳞片，内层为五角形鳞片。内层鳞片也覆盖在鞭毛上。

中眼藻的生活史研究报道不

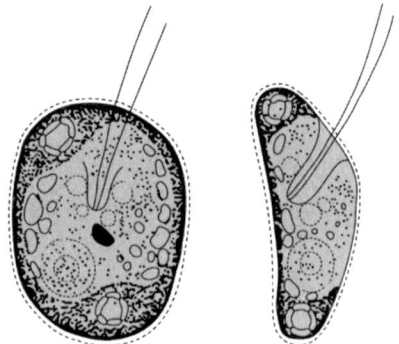

绿色中眼藻

多，已知的最常见的繁殖方法为细胞分裂。

本属仅有 1 种，即绿色中眼藻，它是轮藻纲中最原始的种类，是已知最接近绿色高等植物祖先的单细胞鞭毛类。

鹧鸪菜

鹧鸪菜是藻类植物红藻门真红藻纲仙菜目红叶藻科鹧鸪菜属的一种。

鹧鸪菜分布于中国长江口以南的浙江、福建和广东等省沿岸，繁生于温暖地区河口附近的中、高潮带的岩石上、防波堤水桩以及红树树皮的阴面。

鹧鸪菜藻体呈暗紫色，干燥后变黑。丛生，高 1 ～ 4 厘米，叶状，扁平而窄细，宽约 1 毫米，不规则叉状分枝。节间为狭长的椭圆形，节部缢缩。叶片的中央部分有连绵的长轴细胞延伸至顶端，形成明显的中肋；中肋的分枝点常生长出一些次生副枝，有时也长出毛状根。四分孢子囊集生于枝上部。囊果球状，生于分枝点的上部或枝中肋的内面。

鹧鸪菜中含有甘露醇、乳酸盐、海人草酸、海人草素等成分，为中国民间用以驱除蛔虫的药用海藻。

第 5 章

苔藓植物

东亚苔叶藓

东亚苔叶藓是苔藓植物藓类植物门真藓纲曲尾藓目树生藓科苔叶藓属的一种。

东亚苔叶藓分布于东亚地区，中国、日本、韩国以及朝鲜有记录。在中国，分布于河北、山东、江苏、上海、浙江、江西、湖北、福建等。稀疏或密集交织贴生于树上。

东亚苔叶藓植物体纤细，深绿色至暗绿色。茎、枝匍匐横生，不规则分枝，长约 0.8 厘米，腹面着生稀疏假根。叶干时扁平覆瓦状排列，

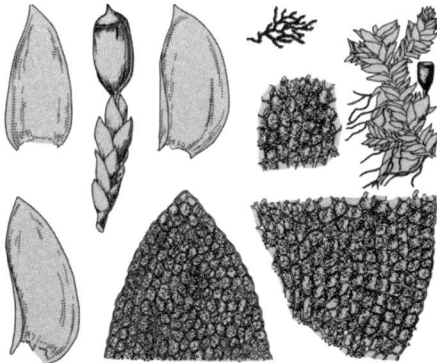

东亚苔叶藓形态特征示意图

湿时稍伸展，背叶与腹叶常略异形。腹叶卵状披针形，略不对称，稍内凹，具短尖；背叶较对称，具钝尖或锐尖，叶边全缘。野种上部细胞多为六边形，具多数细密疣，疣乳突状，胞壁稍薄；下部细胞稍宽，略

具角隅加厚；角部细胞近方形。雌雄同株。蒴柄短，灰白色。孢蒴长卵形，长不足 1 毫米，直立，稍高出苞叶。环带高 2 ～ 3 个细胞，黄褐色。无蒴齿。蒴盖圆锥形，具短喙。蒴帽钟形，长超过 1 毫米，灰白色，具细纵褶，基部深裂，罩覆整个孢蒴。孢子绿色，外壁具细密疣。

角　苔

角苔是苔藓植物角苔门角苔纲角苔目角苔科角苔属的一种。

角苔分布于中国安徽、福建、广东、贵州、黑龙江、香港、湖北、江苏、江西、吉林、辽宁、四川、陕西、上海、台湾、云南和浙江等。印度、日本、尼泊尔、印度尼西亚等国家和欧洲、美洲等地区也有分布。

角苔植物体呈绿色，常形成莲座状，直径达 1.7 厘米，边缘有裂片，厚 694 ～ 890 纳米，无中肋，具黏液腔。植物体背面具片状突起，表皮细胞具 1 个叶绿体，18 ～ 42 微米，多为圆形，每个叶绿体具一个中央蛋白核。念珠藻着生于植物体腹面。假根淡棕色，着生于植物体腹面中部。雌雄同株。精子器腔着生于植物体背面表皮下，不规则排列，每个精子器腔中具 4 ～ 9 个精子器，成熟的精子器椭圆形，具柄，精子器壁由 4 层排列规则的细胞构成。苞膜直立生长，圆筒形。孢子体长角状，直立生长，高达 3 厘米，孢蒴成熟后纵向从顶端向下两瓣开裂，蒴轴发育良好；孢蒴外壁具气孔，气孔由 2 个肾形细胞组成，被 5 ～ 8 个长矩形细胞围绕着；外壁细胞长矩形，细胞壁轻微加厚。孢子单细胞，黑棕色，直径 32 ～ 45 微米；近极面观具有明显的三射线突起，达孢子边缘，具有凹陷的网状结构，没有刺状突起；远极面观具钝的脊形成的不明显的网状结构，在这些脊突的结上，具有顶端分叉的刺状突起。假弹丝 3 ～ 5 个细胞，长 126 ～ 184 微米，宽 8 ～ 23 微米，呈膝状弯曲，淡棕色，薄壁，细胞壁具不规则的带状加厚。

本书编著者名单

编著者 （按姓氏笔画排列）

丁雨龙	于宁宁	王　森	王广策	王文采
王印政	王发国	王旭雷	王连春	王贤荣
王锦秀	田代科	史红专	冉进华	伊贤贵
刘全儒	刘国祥	刘金福	祁建军	许玉兰
许晓岗	孙　宇	孙操稳	严岳鸿	李振宇
李雪霞	李淑娴	李隆云	李新华	杨亲二
杨曾奖	杨德军	何　茜	何　强	何兴金
张红瑞	张志耘	张钢民	张宪春	陈世龙
陈秋夏	周浙昆	段一凡	饶广远	聂泽龙
贾　渝	贾黎明	夏念和	顾红雅	徐大平
高　媛	高天刚	高连明	郭巧生	郭信强
唐　亚	黄旭明	商　辉	梁　倩	覃海宁
傅承新	童毅华	曾炳山	蔡年辉	谭晓风
熊文愈	魏建和	魏晓新		